Jan Uwe Lieback · Peter Herger
Ralf Freise (Hrsg.)

# CKW, FCKW und Lösungsmittel

## Optimierter Einsatz und Ersatz in der betrieblichen Praxis

Springer-Verlag
Berlin Heidelberg NewYork London
Paris Tokyo Hong Kong Barcelona 1990

Dr.-Ing. Jan Uwe Lieback
Dipl.-Ing. Peter Herger
Dr.-Ing. Ralf Freise

GUT – Gesellschaft für Umwelttechnik
Gustav-Meyer-Allee 25
1000 Berlin 65



ISBN 3-540-52795-8 Springer-Verlag Berlin Heidelberg NewYork
ISBN 0-387-52795-8 Springer-Verlag NewYork Berlin Heidelberg

CIP-Titelaufnahme der Deutschen Bibliothek
CKW, FCKW und Lösungsmittel : optimierter Einsatz und Ersatz in der betrieblichen Praxis / Lieback ; Herger ; Freise. –
Berlin ; Heidelberg ; NewYork ; London ; Paris ; Tokyo ; HongKong ; Barcelona : Springer, 1990
ISBN 3-540-52795-8 (Berlin ...)
ISBN 0-387-52795-8 (NewYork ...)
NE: Lieback, Jan Uwe [Hrsg.]



Druck: Mercedes-Druck, Berlin; Bindearbeiten: Lüderitz & Bauer, Berlin
2060/3020/543210 – Gedruckt auf säurefreiem Papier

# Vorwort

Fluorchlorkohlenwasserstoffe (FCKW) und Chlorkohlenwasserstoffe (CKW) zerstören maßgeblich die lebenserhaltende Ozonschicht und tragen in erheblichem Umfang zum Treibhauseffekt bei. Die Wirkung mancher FCKW ist dabei um mehr als das 1000-fache stärker als die des $CO_2$. Die Folgen (erhöhte UV-Strahlung sowie Erwärmung der Erdatmosphäre) bedrohen Menschen und Ökosysteme. Halogenierte Lösemittel weisen hohe toxikologische Risiken auf und bringen in ihrer Verwendung erhebliche Entsorgungsprobleme mit sich. Daher sind drastische Maßnahmen zur Reglementierung ihres Einsatzes dringend erforderlich.

Diese Stoffe werden noch heute in erheblichem Maße zur Reinigung (Metallentfettung, Chemische Reinigung), zur Herstellung von Kunststoffen (Hart- und Weichschäume), als Treibgase, als Lösungsmittel, zur Brandbekämpfung und zur Kälteerzeugung eingesetzt. Ein generelles Verbot läßt noch auf sich warten, obwohl eine Reihe von Ersatztechnologien zur Verfügung stehen.

Die Verschärfung von Vorschriften zur Luftreinhaltung, insbesondere die 2. BImSchV, und das angestrebte Verbot von bestimmten CKW und FCKW, haben viele Anwender von Lösemitteln stark verunsichert. Von der GUT Gesellschaft für Umwelttechnik wurde daher Anfang 1989 ein Seminar mit dem Titel "CKW, FCKW und Lösungsmittel - optimierter Einsatz und Ersatz in der betrieblichen Praxis" konzipiert, in dem insbesondere industriellen Anwendern und interessierten Fachleuten ein übergreifendes Bild der Problematik gegeben werden soll.

Nach einem einführenden Beitrag werden die rechtlichen Grundlagen des Problemes dargestellt, Aspekte der Lagerung, des Transportes und der Entsorgung beleuchtet und Emissionsminderungsmaßnahmen sowie Möglichkeiten des Recyclings verbrauchter Lösemittel diskutiert. In den folgenden Beiträgen werden Ersatzprodukte und neue Verfahren vorgestellt und über Praxiserfahrungen im Umgang mit Ersatztechnologien berichtet. Der abschließende Beitrag gibt konkrete Handlungsanleitungen zum innerbetrieblichen Vorgehen beim Ersatz halogenierter Kohlenwasserstoffe.

Dieses zweitägige Seminar fand bereits des öfteren statt, zuletzt im Rahmen des Umwelttechnologieforums 1990 Ende März im ICC Berlin. Durch die veränderte politische Situation konnte es dort erstmalig mit Publikum aus der DDR durchgeführt werden, was die Thematik und Diskussion zusätzlich belebte.

Wir danken den Mitarbeitern des Springer-Verlages und insbesondere Barbara Besser, Nina Haeberlin und Thomas Kux für ihren Einsatz bei der Erstellung dieses Buches.

Berlin, im Mai 1990

Dipl.-Ing. Peter Herger,
Dr.-Ing. Jan Uwe Lieback
Dr.-Ing. Ralf Freise,

**Gesellschaft für Umwelttechnik (GUT)**

# Inhalt

# Autorenverzeichnis


1 Dr. Klaus Groth
Senatsverwaltung für Stadtentwicklung und Umweltschutz, Berlin

2 Dipl.-Ing. Wolfgang Lohrer
Umweltbundesamt, Berlin

3 RA Ludolf Ernst
Berlin

4 Dipl.-Chem. Uwe Zabach
DEKRA Institut, Berlin

5 Hannes Kraef
RCN Recycling-Chemie-Niederrhein GmbH, Goch

6 Dipl.-Ing. Peter Herger
GUT Gesellschaft für Umwelttechnik mbH, Berlin

7 Dipl.-Ing. Klaus Geisthardt
Schering AG, Abt. T 13, Berlin

8 Dipl.-Ing. Dieter Heil
Ingenieurbüro für Umweltfragen Dipl.-Ing. D. Heil BA (IBH), Riedlingen

9 Dr.-Ing. Jan-Uwe Lieback
GUT Gesellschaft für Umwelttechnik mbH, Berlin

10 Dr.rer.nat. Ulrich von Essen
Philips GmbH Hauptniederlassung, Hamburg

# 1 Einleitung

Dr. K.-M. Groth

Halogenhaltige Kohlenwasserstoffe finden heute in vielen Bereichen der Industrie Verwendung. Fluorchlorkohlenwasserstoffe (FCKW) und Halone werden in Kühlaggregaten, als Treibgase, zur Herstellung von Kunststoffschäumen, als Feuerlöschmittel und zur Reinigung in der Metallentfettung und in chemischen Reingungen eingesetzt.

Diese Stoffe tragen, gelangen sie in die Atmosphäre, maßgeblich zum Abbau der Ozonschicht und dem Treibhauseffekt bei. Daher sollte nicht die Optimierung ihres Einsatzes, sondern vielmehr ein so schnell wie möglich vollzogener Produktionsstop und die Suche nach Ersatzstoffen, Inhalt heutiger Diskussionen sein.

Rechtliche Grundlage hierfür bildet das Montrealer Protokoll, das, am 1. Januar 1989 Inkraft getreten, inzwischen auch in der Bundesrepublik Deutschland ratifiziert wurde. Es sieht vor, bis 1995 den FCKW-Einsatz weltweit um 50 % zu reduzieren.

Der Deutsche Bundestag ist erheblich über diese Verpflichtung hinausgegangen und hat sich in einer Entschließung verpflichtet, den FCKW- und Haloneinsatz bis 1995 um 95 % zu reduzieren. Noch hat dies jedoch keine Rechtsqualität, ist aber verpflichtend für die politischen Instanzen, die an einer Umsetzung beteiligt wären. Für die wichtigsten industriellen Anwendungsgebiete bedeutet dies, daß bis Ende 1995 FCKW-Ersatzstoffe gefunden werden müßten.

Nach gemeinsamer Überzeugung aller Umweltminister in den Bundesländern und auch des Bundesumweltministers soll das Ziel der 95 %igen Reduzierung einerseits durch eine Selbstverpflichtung der Industrie, andererseits durch gesetzliche Maßnahmen erzielt werden. Die Bunderegierung hat dazu eine Verordnung nach § 17 des Chemikaliengesetzes auf den Weg gebracht, die den Einsatz und das Inverkehrbringen von bestimmten Fluorchlorkohlenwasserstoffen und Halonen verbietet. Diese Verordnung wird von uns vor allem deshalb kritisiert, weil sie kein generelles Produktionsverbot für die Bundesrepublik Deutschland enthält.

Berlin hat daher einen Entschließungsantrag im Bundesrat eingebracht, die Herstellung von Fluorchlorkohlenwasserstoffen und Halonen in der Bundesrepublik in Kürze zu beenden und auch das Inverkehrbringen und den Import dieser Stoffe, sowie deren Erzeugnisse in der Bundesrepublik Deutschland zu verbieten. Der Bundesrat hat diese Initiative mit Mehrheit aufgenommen und die Bundesregierung aufgefordert, eine entsprechende Rechtsverordnung vorzulegen. Darüber wird im Augenblick in Bonn diskutiert. Ein derzeit vorliegender erster Referentenentwurf einer diesbezüglichen Verordnung, enthält unserer Ansicht nach viel zu lange Übergangsfristen und wird dementsprechend von uns als unzureichend abgelehnt. Hauptaufgabe im Umgang mit Fluorchlorkohlenwasserstoffen bleibt daher weiterhin die Entwicklung von Ersatzstoffen.

Bei den Chlorkohlenwasserstoffen (CKW) sieht dies etwas komplizierter aus. Chlorkohlenwasserstoffe werden aufgrund ihrer guten fettlösenden Eigenschaften bereits seit langem großtechnisch hergestellt und vor allem als Lösemittel im Bereich von Oberflächenbehandlungs-, Chemischreinigungs- und Extraktionsanlagen verwandt.

Als umweltrechtliches Instrument gibt es hier den Entwurf zur Novellierung der 2. Bundesimmissionsschutzverordnung (2. BImSchV), der zum einen ein FCKW-Einsatzverbot ab 01. Januar 1995 vorsieht, der aber auch den Einsatz von bestimmten Chlorkohlenwasserstoffe, wie z.B. 1.1.1-Trichlorethan ab 01. Januar 1995 untersagt. Trichlorethan und Tetrachlormethan gehören zu den Chlorkohlenwasserstoffen, die aufgrund ihres ozonschädigenden Potentiales maßgeblich zum Abbau der Ozonschicht beitragen.

Doch auch in anderen Umweltbereichen bereiten Chlorkohlenwasserstoffe erhebliche Probleme. Es gibt Anhaltspunkte, daß CKW-Emissionen über den Luftpfad als Niederschläge zu Boden- und Grundwasserverunreinigungen führen können. Dies würde gerade im Umkreis größerer Ballungsräume ein erhebliches Gefahrenpotential für das Grundwasser bedeuten. Nicht nur, daß Chlorkohlenwasserstoffe eine lange Abbauzeit besitzen, auch weisen sie in ihrer Abbaureihe außerordentlich giftige Produkte, wie etwa Vinylchlorid auf.

In verschiedenen Großstädten wurde Vinylchorid bereits im Grundwasser gefunden, das, da es dort nicht original hineingelangt sein kann, als Abbauprodukt anderer Chlorkohlenwasserstoffe betrachtet werden muß. Das im Grundwasser stabile Vinylchlorid stellt somit für Jahrzehnte oder sogar Jahrhunderte ein großes Gefahrenpotential für das Grundwasser dar.

Allein dieses Beispiel, das sich durch weitere ergänzen ließe, zeigt, daß im Bereich der Emissionsminderung in der Anwendung halogenierter Kohlenwasserstoffe Handlungsbedarf besteht, denn auch die CKW-Immission über den Luftpfad muß auf Null gebracht werden.

Darüberhinaus ist bereits heute bekannt, daß viele Chlorkohlenwasserstoffe in höheren Dosen direkte Organschäden hervorrufen können. Dichlormethan, Tri- und Tetrachlorethan, drei der vier hauptsächlich verwendeten Chlorkohlenwasserstoffe, stehen in Verdacht, krebserzeugend zu sein. Dies führte zu einer entsprechenden Kennzeichnung in der Liste der gefährlichen Stoffe.

An dieser Stelle ist daher zu diskutieren, wie man zumindestens diese drei Stoffe durch andere, die nicht unter Krebsverdacht stehen, ersetzen kann und wie durch Optimierung des Lösemitteleinsatzes, insbesondere deren Freisetzung auf dem Luftpfad verhindert werden kann.

Und noch ein weiteres Problem zeichnet sich derzeit im Umgang mit halogenierten Kohlenwasserstoffen ab. Mehrere, in den letzten Monaten durchgeführte Untersuchungen ergaben, daß in den Destillationsschlämmen Chemischer Reinigungen im Bundesgebiet erhebliche Mengen hochgiftiger halogenierter Dibenzodioxine und Dibenzofurane nachgewiesen werden konnten.

Nachdem diese Untersuchungsergebnisse aus dem Bundesgebiet in Berlin bekannt wurden, sind auch hier Untersuchungen der Destillationsschlämme chemischer Reinigungen veranlaßt worden. Leider sind damit die in Westdeutschland ermittelten Konzentrationen in ihrer Größenordnung in etwa bestätigt worden.

Das heißt, daß zum einen Maßnahmen zum Schutz der Beschäftigten ergriffen werden müssen, da diese Schlämme zukünftig nur sehr schwer handhabbar sein werden. Zum anderen sind Untersuchungen nötig, in denen die Bildungsmechanismen der Dioxine in den Schlämmen untersucht werden müssen.

Stellt sich jedoch heraus, daß diese Dioxine sich erst während des Produktionsprozesses aus den verwandten Chlorkohlenwasserstoffen bilden, es sich also nicht, wie manche vermuten, um Verunreinigungen handelt, die mit der zu reinigenden Kleidung in die Schlämme hineingekommen sind, wenn es also produktionsbedingte entstandene Dioxine sind, dann ist dies ein weiteres Indiz dafür, daß Chlorkohlenwasserstoffe in jedem Fall aus den Produktionsprozessen der Chemischen Reinigung herausgenommen werden müssen.

Auch dieses Problem bedarf, gerade weil es sich hierbei um Emissionen in unmittelbarer Nachbarschaft zur Bevölkerung handelt, einer raschen und umfassenden Lösung.

Wir als verantwortliche Umweltpolitiker sind bei solchen Lösungen auf die Hilfe der Fachleute angewiesen, denn nur diese können das umweltpolitisch wünschbare auch technisch machbar werden lassen. Hieran sind die folgenden Beiträge zu messen und in diese Richtung sollten sie als Diskussionsanstöße genutzt und weiterentwickelt werden.

# 2 Umweltrelevanz halogenierter Kohlenwasserstoffe und anderer Lösemittel

W. Lohrer

Zahlreiche Luftreinhalteregelungen der letzten 20 Jahre führten in der Bundesrepublik Deutschland zu sichtbaren Erfolgen vor allem in der Emissionsminderung von Staub, Schwefeldioxid und Kohlenmonoxid. Die Belastungssituation durch flüchtige organische Verbindungen blieb dagegen, wie auch bei Stickoxiden, kritisch. Neben den schwierigen spezifischen Emissionsminderungsmaßnahmen waren das wirtschaftliche und energetische Wachstum hierfür mit entscheidend. Zwar sind durch den Vollzug eingeführter Regelungen bei Altanlagen weitere Verbesserungen zu erwarten, doch bleiben diese insbesondere bei organischen Stoffen und Stickoxiden unbefriedigend.

Im folgenden Beitrag sollen die besonderen Umweltprobleme durch flüchtige organische Verbindungen skizziert werden, wobei aufgrund der stoffspezifisch unterschiedlichen Auswirkungen die getrennte Betrachtung nichthalogenierter und chlorierter organischer Stoffe sowie der Fluorchlorkohlenwasserstoffe erfolgt.

## 2.1 Nichthalogenierte organische Stoffe

Emissionen organischer Verbindungen können je nach Einwirkungsbereich und Entfernung zum Emittenten unterschiedliche Bedeutung für die Umwelt haben [2.8].

**Geruchsbelästigung**

Im Nahbereich von Lösemittelemittenten treten häufig aufgrund erhöhter Immissionskonzentrationen Geruchsbeschwerden auf. Über die gesundheitliche Wirkung derartiger, im Vergleich zu z.B. Arbeitsplatzbelastungen immer noch geringen Lösemittelkonzentrationen auf den Menschen bei Dauerbelastung liegen bis heute keine ausreichenden Erkenntnisse vor. Dies trifft insbesondere auf die Kombinationswirkung verschiedener organischer Stoffe zu.

Die Bewertung von Geruchsbelästigungen ist nach wie vor problematisch. Heute liegt die Grenze für eine erhebliche Belästigung in Nordrhein-Westfalen gemäß Runderlaß von 1985 bei Überschreitung der Geruchsschwelle in zwei bis fünf Prozent Geruchsstunden im Jahr, abhängig von der Geruchsqualität [2.7].

**Photooxidantien- und Smogbildung**

Die meisten organischen Verbindungen werden im Laufe der Zeit unter Einfluß der Sonnenstrahlung und anderer in der Luft enthaltener Spurenstoffe abgebaut oder umgewandelt. Enthält die Luft neben den organischen Verbindungen auch Stickoxide, so treten im Verlauf des photochemischen Abbaus vermehrt Zwischenprodukte auf, die wegen ihrer insgesamt ausgeprägten oxidierenden Wirkung als Photooxidantien bezeichnet werden. Zu ihnen gehören Peroxyacylnitrate, Salpetersäure, Aldehyde, organische Säuren, Wasserstoffperoxid und vor allem Ozon ($O_3$). Ozon wird auch als Leitkomponente zur Kennzeichnung dieser photochemischen Schadstoffe in der unteren Troposphäre (bis 10 km Höhe) herangezogen [2.9, 2.10].

Während Ozon in der Stratosphäre (in etwa 10 bis 50 km Höhe, "Ozonschicht") durch Abschwächung der ultravioletten Sonnenstrahlung eine für Menschen, Tiere und Pflanzen lebenserhaltende Funktion besitzt (vgl. Abschn. 2.3), wirkt es an der Erdoberfläche aufgrund seiner großen chemischen Reaktivität und seiner Eigenschaft als Treibhausgas (vgl. Abschn. 2.4) schädigend für Mensch und Umwelt.

In der Öffentlichkeit wurde das Problem des photochemischen Smogs erstmals 1943 in Los Angeles bekannt. Der photochemische oder "Los-Angeles-Smog" hatte seine primäre Ursache in der besonders hohen Kraftfahrzeugdichte dieses Ballungsgebietes, der besonderen geographischen Lage der Stadt und der hohen Sonneneinstrahlung. Vergleichbar kritische "Smoglagen" hat es in Mitteleuropa aufgrund der anderen klimatischen und geographischen Verhältnisse bisher nicht gegeben; unter entsprechenden klimatischen Bedingungen sind aber ähnliche Zustände in Südeuropa durchaus anzutreffen (z.B. Athen, Mailand).

Verschiedene Untersuchungen der letzten Jahre [2.9] haben gezeigt, daß auch in unserem Raum Photooxidantien als Luftverunreinigungen ("Sommersmog") berücksichtigt werden müssen. Bereits in geringen Konzentrationen wirken Photooxidantien pflanzenschädigend, was sich in der Wachstumsphase besonders auswirkt; ferner können sie die Atemwege des Menschen schädigen und zur Reizung der Augen, zu Hals- und Brustbeschwerden, zu Hustenreiz und zur Verringerung der Leistungsfähigkeit führen. Die durch Ozon hervorgerufenen Beeinträchtigungen werden insbesondere bei starker körperlicher Anstrengung im Freien, etwa bei einem Langstreckenlauf, beobachtet.

In den Meßnetzen der meisten Bundesländer wird die Ozonkonzentration kontinuierlich überwacht. Da sowohl die Bildung als auch die atmosphärische Verfrachtung von Ozon über große Distanzen in der Atmosphäre erfolgen, wird Ozon auch im Meßnetz des Umweltbundesamtes gemessen, das somit zu internationalen Programmen beiträgt, die die Verminderung der Ozonbelastung zum

Ziel haben. Aufgrund der Reaktion von Ozon mit dem vorwiegend aus dem Kfz-Verkehr stammenden Stickstoffmonoxid (NO) sind die Ozonkonzentrationen in den urbanen Ballungsräumen im allgemeinen wesentlich niedriger, als in den ländlichen Regionen. So findet man in den Ballungsgebieten Jahresmittelwerte zwischen 10 und 40 $\mu g/m^3$ $O_3$, während in den ländlichen Räumen Jahresmittelwerte zwischen 40 und 80, teilweise auch bis 100 $\mu g/m^3$ $O_3$ beobachtet werden [2.10]. Bei der Beurteilung der Ozonbelastung muß die Tatsache berücksichtigt werden, daß auch eine von Luftverunreinigungen völlig freie Luft bereits einen *natürlichen* Ozongehalt von ca. 40 bis 60 $\mu g/m^3$ aufweisen kann [2.9].

Eine Zusammenstellung von Richtwerten für maximale Immissionsbelastungen enthält Tabelle 2.1.

**Tabelle 2.1** Ozon-Immissionsgrenz- und -richtwerte [2.1, 2.3, 2.8, 2.10]

| Regelung/Land | Konzentration ($\mu g/m^3$) | statistische Definition |
|---|---|---|
| **Bundesrepublik Deutschland** | | |
| MIK-Wert (VDI 2310, Bl.15, 1987) | 120 | 1/2 h -Mittelwert |
| BGA-Empfehlung (1989) | 240 | 1/2 h-Mittelwert |
| | bzw: 360 | 1/2 h-Mittelwert |
| MAK-Wert (1988) | 200 | 8 h-Mittelwert |
| **International** | | |
| WHO-Empfehlung (1987) | 65 | 24 h-Mittelwert |
| | 150 ... 200 | 1 h-Mittelwert |
| | 100 ... 200 | 8 h-Mittelwert |
| Niederlande | 240 | 1 h-Mittelwert |
| Belgien | 240 | 1 h-Mittelwert |
| Luxemburg | 240 | 1 h-Mittelwert |
| Schweiz | 120 | 1 h-Mittelwert |
| Italien | 200 | 1 h-Mittelwert |
| Dänemark | 240 | 1 h-Mittelwert |
| Norwegen | 100 | 1 h-Mittelwert |
| Schweden | 120 | 1 h-Mittelwert |
| USA | 240 | 1 h-Mittelwert |

Der Spielraum zwischen der bereits vorhandenen natürlichen Konzentration und den Richtwerten ist im Vergleich mit einigen anderen Schadstoffen gering. Vielfach werden die vorgeschlagenen Richtwerte für Ozon bereits überschritten und zwar nicht nur in Ballungsgebieten, sondern auch in emissionsfernen, ländlichen Gebieten. Daher werden neuerdings in mehreren Staaten, so auch in verschiedenen Ländern der Bundesrepublik Deutschland, mit den Immissionsgrenz- oder -richtwerten Warnhinweise oder Verhaltensempfehlungen verbunden. Dazu gehören z.B. das Vermeiden anstrengender körperlicher Tätigkeit im Freien bis hin zu Beschränkungen von Verkehr und Industrie (USA).

Maßnahmen zur Verminderung der Emissionen an organischen Verbindungen und Stickstoffoxiden sind aufgrund der vorliegenden Erkenntnisse notwendig. Bereits 1983 wurde zur Unterstützung des damals diskutierten Richtwertes für Ozon von 200 $\mu g/m^3$ eine Halbierung der Emissionen an Kohlenwasserstoffen und Stickoxiden empfohlen [2.9].

## 2.2 Chlorkohlenwasserstoffe (CKW)

CKW werden in der unteren Atmosphäre (Troposphäre) in der Regel deutlich langsamer als nichthalogenierte organische Verbindungen abgebaut (die troposphärischen Halbwertzeiten liegen bei einigen Tagen bis hin zu mehreren Jahren); die daraus folgende Anreicherung in der Atmosphäre führt in Verbindung mit der hohen Mobilität der CKW zur weiträumigen Verteilung.

Als besonders kritisches Endprodukt des atmosphärischen CKW-Abbaus entsteht Salzsäure. Etwa 120.000 t tragen jährlich in der Bundesrepublik Deutschland zum "Sauren Regen" bei.

Es gibt Anhaltspunkte dafür, daß CKW-Emissionen über den Luftpfad zu Boden- und Grundwasserverschmutzungen führen können. Hier werden CKW praktisch nicht abgebaut. Schon geringe Freisetzungen, wie beispielsweise Tropfverluste, können großen Schaden anrichten. 1 kg reicht aus, um den Trinkwasser-Jahresbedarf einer Gemeinde von 1.500 Einwohnern so zu verunreinigen, daß aufwendige und teure Aufbereitungsmaßnahmen für das Grundwasser erforderlich werden.

Die lange Lebensdauer dieser Stoffe in der Umwelt (Persistenz) ist, insbesondere bei den hochchlorierten CKW, mit einer ausgeprägten Akkumulation in biologischem Material gekoppelt. Neben direkten Organschäden nach hohen Belastungen (Leber, Niere, Zentralnervensystem) treten zunehmend chronische Schäden in den Vordergrund: mit Dichlormethan (Methylenchlorid), Trichlorethen (Tri) und Tetrachlorethen (Per) stehen drei von den vier hauptsächlich verwendeten CKW unter dem begründeten Verdacht, über ein krebserzeugendes Potential zu verfügen [2.3].

Gerade im Hinblick auf den letzten Aspekt haben CKW - und hier insbesondere Per - in jüngster Zeit wieder ein breites öffentliches Interesse gefunden. Auslöser waren z.T. gravierende Nachbarschaftsbeeinflussungen durch Emissionen aus chemischen Reinigungsanlagen (Belastung der Innenraumluft von benachbarten Wohnungen, Kontamination von Lebensmitteln in Wohnungen, Geschäften und Betrieben).

Das vierte wichtige CKW, 1.1.1-Trichlorethan, nimmt unter den CKW eine Sonderstellung ein, da es aufgrund seiner besonders langen Lebensdauer bis in die Stratosphäre vordringt und dort mit seinem Chloreintrag wie die Fluorchlorkohlenwasserstoffe (FCKW) zum Abbau der stratosphärischen Ozonschicht beiträgt (vgl. Abschn. 2.3). Sein Ozonabbaupotential wird auf etwa 20% von dem des zur Orientierung herangezogenen FCKW R 11 (Trichlorfluormethan) geschätzt.

Über diese schon länger bekannten Probleme hinaus wurden CKW in jüngster Zeit auch in Zusammenhang mit Dioxin- und Furanvorkommen diskutiert. Diese teilweise auch als Sevesogift (der bekannteste Vertreter ist 2.3.7.8-TCDD) bekannt gewordene hochtoxische Stoffgruppe entsteht im Temperaturbereich über ca. 160 °C - bevorzugt zwischen 300 und 600 °C - bei Vorhandensein organischer Stoffe mit Chlor als Reaktionspartner. Problematische Situationen mit CKW können in diesem Zusammenhang (z.B. im Brandfall) entstehen.

## 2.3 Fluorchlorkohlenwasserstoffe (FCKW)

Die stratosphärische Ozonschicht (etwa 10 bis 50 km über der Erdoberfläche) filtert zum Schutz der Menschen energiereiche UV-Strahlung aus dem Sonnenlicht heraus. Eine Ausdünnung der Ozonschicht oder gar ein weitestgehendes Verschwinden ("Ozonloch") läßt diesen Strahlenanteil verstärkt bis zur Erdoberfläche vordringen und hier eine Reihe von schädlichen Einflüssen ausüben: Schäden am Immunsystem, vermehrtes Auftreten von Hautkrebs und Augenleiden beim Menschen sowie Beeinträchtigungen des Wachstums von Nutzpflanzen seien nur beispielhaft genannt. Viele vermutete Wirkungen können in ihrem Ausmaß noch nicht übersehen werden.

FCKW werden aufgrund ihrer Reaktionsträgheit in der Troposphäre nicht abgebaut und können deshalb durch Diffusion bis in die Stratosphäre vordringen. Erst dort werden sie durch UV-Strahlung bestimmter Wellenlänge zerlegt und setzen Chlor frei, das in einer komplizierten Reaktionsfolge Ozonmoleküle angreift und in biatomaren Sauerstoff umwandelt. Da dieser Prozeß zyklisch verläuft - das Endprodukt der Reaktion ist wieder Chlor - kann ein Chloratom tausend bis hunderttausend Ozonmoleküle zerstören. FCKW leisten den größten Einzelbeitrag zum Abbau der stratosphärischen Ozonschicht [2.5].

Das derzeitige Niveau der Chlor-Konzentration in der Stratosphäre ist bereits kritisch, da schon jetzt vermehrt Umweltschäden auftreten, am augenfälligsten in der drastischen Verringerung der antarktischen Ozonkonzentration. Um diese Schädigung wieder rückgängig zu machen, müßten derart niedrige FCKW-Konzentrationen erreicht werden, wie sie vor Auftreten des Ozonlochs gemessen wurden. Dies erfordert eine weltweite Reduktion der FCKW-Emissionen um 95% [2.4, 2.5]. Aber auch durch diese Reduktion wird nicht jede anthropogene Veränderung der stratosphärischen Ozonschicht durch FCKW rückgängig gemacht; dies könnte allenfalls durch einen weltweiten vollständigen Emissionsstop erreicht werden, der so rechtzeitig durchgeführt werden müßte, daß irreversible Veränderungen der Stratosphäre noch nicht eingetreten sind.

Erste Schritte zur Lösung dieser internationalen Aufgabe sind durch die Unterzeichnung des Montrealer-Protokolls getan worden. Die dort vorgesehene Verminderung der Emissionen der geregelten Stoffe um insgesamt 50% bis 1999 ist aber bei weitem nicht ausreichend.

Die nationalen und internationalen Ziele einer vom Bundestag gebilligten Beschlußempfehlung [2.2] geht daher weit über die Ziele des Montrealer Protokolls hinaus. Angestrebt wird eine Reduktion der Produktion und des Verbrauchs der im Montrealer Protokoll geregelten Stoffe von mindestens 95% bis Ende 1995 in der Bundesrepublik, bis Ende 1997 in der EG und weltweit bis Ende 1999.

## 2.4 Treibhaus-Effekt

Obwohl die organischen Stoffe beim Treibhaus-Effekt eine relativ geringe Bedeutung haben, soll hier auch auf diese sehr kritische aktuelle Problematik eingegangen werden.

Verschiedene Spurengase heizen die bodennahe Atmosphäre auf, indem sie die einfallende Sonnenstrahlung nahezu ungehindert durchlassen, aber einen großen Teil der von der Erde ausgesandten Infrarotstrahlung absorbieren. Beispiele für solche klimarelevanten Spurengase (Treibhausgase) sind Wasserdampf ($H_2O$), Kohlendioxid ($CO_2$), Methan ($CH_4$), Distickstoffoxid ($N_2O$) und Ozon ($O_3$). Für unser Klima und damit für die Erhaltung des Lebens auf der Erde hat dieser Aufheiz-Effekt eine erhebliche Bedeutung; ohne diesen Aufheiz-Effekt wäre es an der Erdoberfläche um durchschnittlich etwa 30 °C kälter [2.6].

Durch die zunehmende Konzentration der klimarelevanten Spurengase $CH_4$, $N_2O$, FCKW und $O_3$ sowie vor allem des mengenmäßig stark ins Gewicht fallenden $CO_2$ entsteht ein Treibhaus-Effekt, der zu einer zusätzlichen Erwärmung führt. Eine Abschätzung des Anteils der einzelnen Treibhaus-Gase zum anthropogen erzeugten Treibhaus-Effektes für die achtziger Jahre zeigt Tabelle 2.2 [2.4].

**Tabelle 2.2** Anteile einzelner Gase am anthropogen erzeugten Treibhaus-Effekt [2.4]

| Treibhausgase | | Anteil am Treibhaus-Effekt (%) |
|---|---|---|
| Kohlendioxid | ($CO_2$) | 50 |
| Methan | ($CH_4$) | 19 |
| FCKW | | 17 |
| Ozon | ($O_3$) | |
| in der Troposphäre | | 8 |
| Distickstoffoxid | ($N_2O$) | 4 |
| Wasserdampf | ($H_2O$) | 2 |

Dieser zusätzliche anthropogen erzeugte Treibhaus-Effekt wird etwa Mitte des nächsten Jahrhunderts zu einer weiteren Erhöhung der globalen Jahresmitteltemperaturen um 3 bis 9 °C mit beträchtlichen Konsequenzen für Niederschlagsverteilungen und Vegetationszonen führen, wenn keine Schritte zur Emissionsreduktion der Treibhausgase erfolgen.

Der Beitrag eines einzelnen Schadgases zum Treibhaus-Effekt hängt von seinem Absorptionsvermögen für infrarote Strahlung und von seiner Verweilzeit in der Atmosphäre ab. Es ist festzustellen, daß insbesondere FCKW erhebliche spezifische Treibhaus-Potentiale besitzen; im Vergleich zu $CO_2$ ist dieses um das 1.000 bis 10.000-fache größer. Stoffe mit einer atmosphärischen Lebensdauer von Stunden oder Tagen, wie Kohlenwasserstoffe, Ketone und Alkohole, tragen im Gegensatz zum langlebigen Methan direkt nicht merklich zur Verstärkung des Treibhaus-Effektes bei.

Neben den additiven Wirkungen der Treibhaus-Gase gibt es Rückkopplungseffekte, die zu den direkten klimatischen Auswirkungen hinzukommen [2.6]. So führt z.B. eine Erhöhung der $CO_2$-Konzentration in der Atmosphäre nicht nur zu einer Erwärmung, sondern infolge dieser Erwärmung kann mehr Wasserdampf in die Atmosphäre aufgenommen werden; Wasserdampf wirkt wiederum als Treibhaus-Gas, was die Temperatur weiter erhöht. Es reicht daher wegen dieser Rückkopplungsmechanismen nicht aus, den Treibhaus-Effekt isoliert vom stratosphärischen Ozonabbau zu sehen. Betrachtet werden muß die gesamte Atmosphäre, also das Spurengas-Klima-Ozonproblem insgesamt.

## 2.5 Schlußfolgerung

Luftreinhaltemaßnahmen bleiben nach wie vor notwendig, ja gerade lebenswichtig. Dazu gehört vor allem die Emissionsminderung organischer Stoffe mit besonderem Wirkungspotential und der Stickoxide.

Eine der größten Herausforderungen beim Umweltschutz dürfte die zur Erhaltung der klimatischen Verhältnisse notwendige Reduktion der Treibhaus-Gase sein; insbesondere die $CO_2$-Emissionen erfordern einschneidende Aktivitäten nicht nur durch die Industrie, sondern auch durch jeden einzelnen Bürger. Wir alle werden uns auf Einsparungen beim Energieverbrauch und verändertes Konsumverhalten einstellen müssen.

# 3 Rechtliche Grundlagen

RA L. Ernst

Die Kenntnis der mit dem Einsatz von halogenierten Kohlenwasserstoffen verbundenen Gefahren hat dazu geführt, daß neben einer vorwiegend naturwissenschaftlich-technischen Diskussion über diese Stoffe auch Juristen sich zunehmend mit Rechtsfragen zum Einsatz bzw. Ersatz von Halogenkohlenwasserstoffen beschäftigen.

Das Ergebnis der juristischen Arbeit an diesem Thema kann sich in gesetzlichen Handlungsge- oder -verboten unmittelbar auf die betriebliche Praxis auswirken. Im folgenden werden daher die bereits bestehenden Rechtsvorschriften ebenso dargestellt wie derzeit abzusehende Entwicklungen des Umweltrechts. Einer kurzen Beschreibung internationaler Vereinbarungen und Regelungen wird eine Vorstellung der für den täglichen Umgang mit Halogenkohlenwasserstoffen weitaus wichtigeren Normen des nationalen Rechts folgen.

## 3.1 Internationale Regelungen

Internationale Regelungen, die halogenierte Kohlenwasserstoffe betreffen, sind in völkerrechtlichen Vereinbarungen und in Regelungen der Europäischen Gemeinschaften (EG) zu finden.

Diese Regelungen enthalten in den meisten Fällen keine unmittelbaren rechtlichen Wirkungen für Bürger der einzelnen Vertragsstaaten, sondern bedürfen einer Umsetzung in nationales Recht.

Ob, wie und in welchem Zeitraum eine Umsetzung von völkerrechtlichen Vereinbarungen in nationales Recht erfolgt, bleibt weitgehend den Vertragsstaaten überlassen, da rechtliche Sanktionsmöglichkeiten bei Nichteinhaltung der Vereinbarungen nicht bestehen.

Anders ist es bei Richtlinien der Europäischen Gemeinschaften: Nach Art. 189 Abs. 3 des EWG-Vertrages sind EG-Richtlinien hinsichtlich des zu erreichenden Zieles verbindlich. Da jede an die Mitgliedstaaten gerichtete EG-Richtlinie Fristen zur Verwirklichung der Ziele festlegt, müssen die Mitgliedstaaten sicherstellen, daß die Ziele innerhalb der Frist erreicht werden. In der Bundesrepublik Deutschland werden die Ziele der EG-Richtlinien durch Gesetze, Rechtsverordnungen und Verwaltungsvorschriften umgesetzt.

Völkerrechtliche Vereinbarungen, die auch den Einsatz von HKW betreffen können, sind zum Schutz der Ozonschicht sowie zum Schutz der Meere gegen Verunreinigungen getroffen worden.

**Wiener Übereinkommen zum Schutz der Ozonschicht**

In diesem Übereinkommen verpflichten sich die Vertragsstaaten - darunter auch die Bundesrepublik Deutschland - allgemein dazu, geeignete Maßnahmen zu treffen, um die menschliche Gesundheit und die Umwelt vor schädlichen Auswirkungen zu schützen, die durch menschliche Tätigkeiten, welche die Ozonschicht verändern können, verursacht werden (Art. 2 Abs. 1).

Zu diesem Zweck verpflichten sich die Vertragsparteien in erster Linie zu systematischen Beobachtungen, Forschungen und Informationsaustausch über die Auswirkungen menschlicher Tätigkeiten auf die Ozonschicht. Die Vertragsstaaten haben selbst geeignete Gesetzgebungs- und Verwaltungsmaßnahmen zum Schutz der Ozonschicht zu treffen. Als besonders zu beachtende Substanzen werden hier u.a. die FCKW R 11, R 12, R 113, R 114, R 22 und R 21 genannt.

Wegen der Schwerpunkte - Beobachtung, Forschung und Informationsaustausch - ist eine konkrete Verpflichtung der Vertragsparteien zu einer Beschränkung der FCKW-Produktion aus dem Wiener Übereinkommen nicht abzuleiten. Das Übereinkommen wird durch Protokolle ergänzt, die die Pflichten der Vertragsstaaten näher ausgestalten. Hierzu zählt das sogenannte Montrealer Protokoll.

**Montrealer Protokoll**

Das Montrealer Protokoll vom 16.09.1987 über Stoffe, die zu einem Abbau der Ozonschicht führen, definiert Verpflichtungen der Vertragsstaaten des Wiener Übereinkommens näher. Es enthält auch Regelungen über Produktions- und Verbrauchsreduzierung der oben genannten FCKW und verbietet die Ein- und Ausfuhr solcher Stoffe aus oder in Staaten, die dem Wiener Übereinkommen nicht beigetreten sind. Über die Produktion, Ein- und Ausfuhr geregelter FCKW ist jährlich Bericht zu erstatten.

Nach Art. 2 Abs. 4 Satz 1 des Montrealer Protokolls sollen Verbrauch und Herstellung von FCKW in den Vertragsstaaten ab 1. Juli 1998 50 % der Werte von 1986 nicht übersteigen.

Innerhalb eines Jahres nach Inkrafttreten des Protokolls soll jede Vertragspartei die Einfuhr geregelter FCKW aus Nichtvertragsstaaten verbieten. Erzeugnisse, die FCKW enthalten, sollen innerhalb von drei Jahren nach Inkrafttreten in eine Liste aufgenommen werden. Die Einfuhr dieser Erzeugnisse aus Nichtvertragsstaaten ist innerhalb eines weiteren Jahres zu verbieten. Eine Ausfuhr von Technologie zur

Herstellung oder Verwendung von FCKW in Nichtvertragsstaaten darf von den Vertragsparteien nicht mehr unterstützt werden.

Die beschriebenen Regelungen verdeutlichen den Willen der Vertragsparteien, die Produktion und den Verbrauch von FCKW zu verringern und eine Umgehung des Wiener Übereinkommens und des Montrealer Protokolls durch Ausweichen in Nichtvertragsstaaten zu unterbinden. Die nationale Gesetzgebung, aber auch Hersteller und Anwender von FCKW sind daher gehalten, über Einsatz und Ersatz von FCKW nachzudenken.

**Deklaration der 2. Internationalen Nordseeschutzkonferenz (1987)**

Auf der 2. Internationalen Nordseeschutzkonferenz (2. INK) am 24./25. November 1987 in London sind verschiedene Beschlüsse gefaßt worden, die zu einer Änderung der Rechtslage des Einsatzes von Halogenkohlenwasserstoffen als Lösemittel führen können.

Ziffer XVI Nr. 1 der Ministererklärung zur 2. INK sieht vor, daß durch Anwendung des Standes der Technik oder anderer geeigneter Maßnahmen Emissionen langlebiger, toxischer oder bioakkumulierbarer Stoffe an der Quelle reduziert werden sollen. Aufgrund dieses Beschlusses ist vor allem mit einer Verschärfung der Vorschriften über Mindestanforderungen an Abwassereinleitungen nach § 7a Wasserhaushaltsgesetz zu rechnen; die Bundesregierung nennt hier als betroffene Branchen auch die Metallbe- und -verarbeitung sowie Anfallstellen für mineralölhaltiges Abwasser [3.1].

Die Novellierung der Vorschriften über Mindestanforderungen nach § 7a WHG dient zugleich der Umsetzung des Beschlusses Nr. 2 der 2. INK, den Gesamteintrag gefährlicher Stoffe über den Abwasserpfad in die Nordsee bis 1995 zu halbieren [3.2].

Unter Nr. 24 der 2. INK wurde vereinbart, daß die Menge der auf See zu verbrennenden Abfälle bis zum 1. Januar 1991 mindestens um 65 % zu verringern ist; die Abfallverbrennung auf See ist nach der Vereinbarung spätestens zum 31. Dezember 1994 ganz zu beenden. Für den Bereich des Lösemitteleinsatzes werden daher zur Zeit durch Arbeitsgruppen unter Beteiligung des Bundes, der Länder und der Wirtschaft Konzepte zur Vermeidung und Substitution von Lösemitteln sowie zur Verwertung lösemittelhaltiger Abfälle und zur Entsorgung von Lösemittelabfällen an Land erarbeitet [3.3]. Faktisch ist die Verbrennung von Lösemittelabfällen auf See seit Oktober 1989 eingestellt.

**Regelungen der Europäischen Gemeinschaft**

Bezüge zum Einsatz von Halogenkohlenwasserstoffen (HKW) sind in verschiedenen EG-Richtlinien zum Gewässerschutz und zur Abfallbeseitigung enthalten.

EG-Richtlinien sind für die Mitgliedstaaten hinsichtlich der zu erreichenden Ziele und der einzuhaltenden Fristen verbindlich. Die Verbindlichkeit für Bürger und Unternehmen in den einzelnen Mitgliedsstaaten ergibt sich aber erst aus der Umsetzung von EG-Richtlinien in nationales Recht. Da für die Praxis des Einsatzes von HKW mithin nationale Umsetzungsmaßnahmen wie Gesetze, Rechtsverordnungen und Verwaltungsvorschriften ausschlaggebend sind, soll an dieser Stelle auf eine detaillierte Darstellung des Inhalts der EG-Vorschriften verzichtet werden.

## 3.2 Nationales Recht

Beim Einsatz von HKW kann eine Vielzahl verschiedener Vorschriften des Umwelt- , Arbeitsschutz- und Transportrechts zu beachten sein.

Die Anwendung von HKW wird vor allem durch das Immissionsschutzrecht, das Wasserrecht und das Gefahrstoffrecht geregelt. Bei der Entsorgung gebrauchter HKW sind die Vorschriften des Abfallrechts besonders zu beachten.

HKW werden zu einem großen Teil als Lösemittel zur Oberflächenbehandlung und zur Reinigung von Gegenständen eingesetzt. Die Anwendung von HKW in diesen Bereichen kann in erster Linie zu Belastungen von Abluft und Abwasser sowie zu gesundheitlichen Risiken für die mit dem Gebrauch von HKW befaßten Arbeitnehmer führen. Zu einer Verminderung dieser Belastungen sollen die Vorschriften des Immissionsschutzrechts, des Wasserrechts und des Arbeitsschutzrechts beitragen.

### 3.2.1 Immissionsschutzrechtliche Vorgaben des HKW-Einsatzes

Das Immissionsschutzrecht dient dem Schutz von Menschen, Tieren, Pflanzen und anderen Sachen vor schädlichen Umwelteinwirkungen. Der Schutz soll durch die Genehmigungspflicht für bestimmte umweltrelevante Anlagen, die Festlegung von Grenzwerten für Emissionen und Immissionen sowie durch Störfallregelungen gewährleistet werden.

#### I. Genehmigungsbedürftige Anlagen

Nach § 4 Abs. 1 des Bundes-Immissionsschutzgesetzes (BImSchG) [3.4] dürfen Anlagen nur mit einer Genehmigung errichtet und betrieben werden, wenn sie aufgrund ihrer Beschaffenheit oder ihres Betriebes in besonderem Maße geeignet sind, schädliche Umwelteinwirkungen hervorzurufen oder in anderer Weise die Allgemeinheit oder die Nachbarschaft zu gefährden, erheblich zu benachteiligen oder erheblich zu belästigen. Einen Katalog der genehmigungsbedürftigen Anlagen enthält der Anhang der 4. Verordnung zur Durchführung des BImSchG (4. BImSchV) [3.6].

Im Zusammenhang mit dem Einsatz von HKW als Lösemittel ist besonders Ziffer 5 des Anhangs zur 4. BImSchV zu beachten, in der Anlagen zur Oberflächenbehandlung mit organischen Stoffen für genehmigungsbedürftig erklärt werden.

Die Aufzählung der Anlagen in Spalten dient dazu, die Anlagen einem der beiden nach BImSchG möglichen Genehmigungsverfahren zuzuordnen. Gemäß § 2 Abs. 1 der 4. BImSchV wird für die in Spalte 1 genannten Anlagen das "große" Genehmigungsverfahren nach §§ 10 ff. BImSchG mit umfangreicher Prüfung des Vorhabens einschließlich einer förmlichen Öffentlichkeitsbeteiligung durchgeführt. Die in Spalte 2 aufgelisteten Anlagen werden im vereinfachten Genehmigungsverfahren nach § 19 BImSchG ohne Öffentlichkeitsbeteiligung genehmigt. Kriterium für die Zuordnung zu Verfahrensarten ist bei Anlagen zum Einsatz organischer Lösemittel die Menge der pro Stunde eingesetzten Lösemittel.

Anlagen zum Einsatz von 250 kg oder mehr je Stunde (bei Ethanol 500 kg oder mehr) werden nach §§ 10 ff. BImSchG genehmigt. Werden organische Lösemittel von 25 kg/h bis weniger als 250 kg/h eingesetzt, wird die Anlage im vereinfachten Verfahren nach § 19 BImSchG genehmigt. Anlagen zum Einsatz von weniger als 25 kg/h organischer Lösemittel (Ethanol: 50 kg/h) sind nichtgenehmigungsbedürftige Anlagen im Sinne der §§ 22 ff. BImSchG.

**Pflichten des Betreibers**

Nach § 5 Abs. 1 BImSchG sind genehmigungsbedürftige Anlagen so zu errichten und betreiben, daß

1. schädliche Umwelteinwirkungen und sonstige Gefahren, erhebliche Nachteile oder erhebliche Belästigungen für die Allgemeinheit und die Nachbarschaft nicht hervorgerufen werden können,

2. Vorsorge gegen schädliche Umwelteinwirkungen getroffen wird, insbesondere durch die dem Stand der Technik entsprechenden Maßnahmen zur Emissionsbegrenzung,

3. Reststoffe vermieden werden, es sei denn, sie werden ordnungsgemäß und schadlos verwertet oder, soweit Vermeidung oder Verwertung technisch nicht möglich oder unzumutbar sind, als Abfälle ohne Beeinträchtigung des Wohls der Allgemeinheit beseitigt, und

4. entstehende Wärme, die nicht an Dritte abgegeben wird, für Anlagen des Betreibers genutzt wird, soweit dies technisch möglich und zumutbar sowie mit den Pflichten nach Nr. 1 bis 3 vereinbar ist.

Für den Einsatz organischer Lösemittel sind vornehmlich die Nummern 1 bis 3 des § 5 Abs. 1 BImSchG bedeutsam:

Beispiel:
- Abluftreinigungsmaßnahmen zur Einhaltung von Emmisions- und Immisionsgrenzwerten,
- Abscheidung von Lösemitteln und Rückführung in den Produktionsvorgang.

**Emissions- und Immissionsgrenzwerte**

Der Betreiber ist nach § 5 BImSchG verpflichtet, seine Anlage ohne schädliche Umwelteinwirkungen zu betreiben und Vorsorge gegen schädliche Umwelteinwirkungen durch Emissionsbegrenzungsmaßnahmen nach dem Stand der Technik zu treffen.

Zur Ausfüllung der unbestimmten Rechtsbegriffe - schädliche Umwelteinwirkungen, erhebliche Nachteile, Stand der Technik - benötigen sowohl Anlagenbetreiber als auch Behörden konkretisierende Angaben.

Ansatzpunkte für eine Konkretisierung bieten die in der Technischen Anleitung zur Reinhaltung der Luft (TA-Luft) [3.9] gesetzten Emissions- und Immissionswerte.

Die TA-Luft ist eine Verwaltungsvorschrift und richtet sich nicht unmittelbar an die Betreiber von Anlagen. Sie ist nur verbindlich für die Genehmigungs- und Überwachungsbehörden. Anlagenbetreiber können ihr jedoch Hinweise auf etwaige Auflagen der Behörden an neu zu errichtende Anlagen oder die Nachrüstung von Altanlagen entnehmen und sich auf diese Anforderungen einstellen. In der TA-Luft werden Immissions- (Ziff. 2.5) und Emissionswerte (Ziff. 3) formuliert.

Immissionswerte sind zum Schutz vor Gesundheitsgefahren sowie zum Schutz vor erheblichen Nachteilen und Belästigungen festgelegt. Entsprechend den zu schützenden Rechtsgütern werden die Immissionswerte zum Schutz vor Gesundheitsgefahren als Grenzwerte angesehen. Immissionswerte zum Schutz vor erheblichen Nachteilen oder Belästigungen haben dagegen nur Richtwertcharakter [3.11]. Diese Unterscheidung hat ihren Grund darin, daß beim Überschreiten der Gesundheitswerte die Wahrscheinlichkeit der Beeinträchtigung der menschlichen Gesundheit besteht, während die Einstufung von Nachteilen und Belästigungen als *erheblich* stets eine Bewertung u.a. der vorgegebenen Situation, des Ausmaßes und der Auswirkungen der Überschreitung auf benachbarte Nutzungen oder die Allgemeinheit voraussetzt.

Die Emissionswerte nach Ziff. 3 TA-Luft geben an, welche Emissionen einer Anlage nach dem Stand der Technik vermeidbar sind. Die dort genannten Emissionswerte sind zunächst für neu zu genehmigende Anlagen von Bedeutung. Gemäß Ziff. 4 TA-Luft - Anforderungen an Altanlagen - ist jedoch von den Behörden durch den Erlaß nachträglicher Anordnungen sicherzustellen, daß die Anforderungen nach Ziff. 3 spätestens am 1. März 1994 von allen genehmigungsbedürftigen Anlagen eingehalten werden.

Allgemeine Emissionswerte für die Massenkonzentration organischer Stoffe im Abgas werden in Ziffer 3.1.7 TA-Luft angegeben. Ziff. 3.3.5 enthält besondere Emissionswerte für Anlagen zur Oberflächenbehandlung mit organischen Stoffen.

Ferner formuliert die TA-Luft Anforderungen an Maßnahmen zur Verminderung von Emissionen beim Verarbeiten, Fördern und Umfüllen flüssiger organischer Stoffe.

Im Sinne der Vorsorge vor schädlichen Umwelteinwirkungen ist es zu verstehen, wenn die TA-Luft in Ziff. 3.3.5 vorschreibt, daß Möglichkeiten zur weiteren Verminderung von Emissionen auszuschöpfen sind,

Beispiel: Einsatz lösemittelfreier oder -armer Lacksysteme in Lackieranlagen.

**Pflicht zur Bestellung eines Betriebsbeauftragten**

Zur Bestellung eines Immissionsschutzbeauftragten sind nach § 53 Abs. 1 Satz 2 BImSchG und § 1 Abs. 1 Nrn. 25, 26 der 5. BImSchV [3.7] verpflichtet die Betreiber genehmigungsbedürftiger Anlagen zum

- Lackieren von Gegenständen oder bahnen- und tafelförmigen Materialien einschließlich der zugehörigen Trocknungsanlagen, soweit die Lacke organische Lösungsmittel enthalten und von diesen 250 kg/h oder mehr eingesetzt werden,

- Beschichten, Imprägnieren oder Tränken von Glasfasern, Mineralfasern oder bahnen- und tafelförmigen Materialien einschließlich zugehöriger Trocknungsanlagen mit Kunstharzen,Kunststoffen oder Gummi unter Einsatz von organischen Lösungsmitteln, soweit von diesen 250 kg/h und mehr eingesetzt werden.

Der Immissionsschutzbeauftragte ist berechtigt und verpflichtet, auf Entwicklung und Einführung umweltfreundlicher Verfahren hinzuwirken, an der Entwicklung und Einführung mitzuwirken, die Einhaltung des BImSchG und etwaiger behördlicher Auflagen zu kontrollieren und Betriebsangehörige über schädliche Umwelteinwirkungen der Anlage und deren Verhinderung aufzuklären.

Der Anlagenbetreiber hat vor Investitionsentscheidungen, die für den Immissionsschutz von Bedeutung sein können, eine Stellungnahme des Immissionsschutzbeauftragten einzuholen. Er muß den Immissionsschutzbeauftragten bei der Erfüllung seiner Aufgaben unterstützen und ihm erforderliches Hilfspersonal und notwendige Arbeitsmöglichkeiten zur Verfügung stellen.

**Geltung der Störfall-Verordnung**

Die Störfall-Verordnung (StörfallV) [3.8] gilt nur für genehmigungsbedürftige Anlagen, in denen bestimmte Stoffe nach Anhang II zur StörfallV im bestimmungsgemäßen Betrieb vorhanden sein oder bei Störungen des bestimmungsgemäßen Betriebes entstehen können. Aus dem Bereich des HKW-Einsatzes nennt Anhang II der StörfallV u.a. Tetrachlorethen, Trichlorethen, 1.1.1.-Trichlorethan.

Die StörfallV gilt jedoch nicht für Anlagen, in denen nur so geringe Mengen dieser Stoffe enthalten sein können, daß eine Gemeingefahr infolge einer Betriebsstörung offensichtlich ausgeschlossen ist.

Nach der Ersten Allgemeinen Verwaltungsvorschrift zur Störfallverordnung (1. StörfallVwV) [3.10] ist aufgrund geringer Mengen in der Regel nicht von einer Gemeingefahr auszugehen, wenn von den genannten HKW weniger als 1.000 kg Gesamtmenge in der Anlage vorhanden sein können. Die StörfallV gilt daher nur für solche Anlagen, in denen als Einsatzstoff, Zwischen-, Neben- oder Endprodukt, oder als Reststoff 1.000 kg oder mehr eines oder verschiedener HKW vorhanden sein können.

Konsequenz für den Betreiber solcher Anlagen ist, daß er bestimmten Sicherheitspflichten zur Verhinderung von Störfällen und zur Begrenzung von Störfallauswirkungen unterliegt. Ferner ist eine Sicherheitsanalyse anzufertigen. Diese muß eine Beschreibung der Anlage, der Gefahrenquellen, der vorhandenen oder möglicherweise entstehenden chemischen Stoffe, der Sicherheitsvorkehrungen und der Störfallauswirkungen enthalten.

Ist ein Störfall mit Verursachung einer Gemeingefahr oder eine nicht nur unerhebliche Störung des bestimmungsgemäßen Betriebes aufgetreten, muß der Betreiber das unverzüglich der zuständigen Behörde melden.

**II. Nicht genehmigungsbedürftige Anlagen**

**Pflichten des Betreibers**

Nach § 22 Abs. 1 BImSchG sind nicht genehmigungsbedürftige Anlagen so zu errichten und betreiben, daß

1. schädliche Umwelteinwirkungen verhindert werden, soweit sie nach dem Stand der Technik vermeidbar sind,

2. nach dem Stand der Technik unvermeidbare schädliche Umwelteinwirkungen auf ein Mindestmaß beschränkt werden und

3. die beim Betrieb der Anlagen entstehenden Abfälle ordnungsgemäß beseitigt werden können.

**Emissionsgrenzwerte**

Da die Regelungen der TA-Luft nur für genehmigungsbedürftige Anlagen anwendbar sind, können diese nicht zur Begründung technischer Anforderungen an nicht genehmigungsbedürftige Anlagen herangezogen werden. Technische Anforderungen und Emissionswerte für solche Anlagen werden stattdessen in Rechtsverordnungen nach § 23 BImSchG für den Anlagenbetreiber verbindlich festgelegt.

Der Einsatz HKW-haltiger Lösemittel in nicht genehmigungsbedürftigen Anlagen wird durch die 2. BImSchV [3.5] geregelt. Diese gilt für Oberflächenbehandlungsanlagen, Chemischreinigungs- und Textilausrüstungsanlagen und Extraktionsanlagen, in denen Lösemittel eingesetzt werden, die mehr als 1 % leichtflüchtiger HKW enthalten. Als leichtflüchtig werden dabei HKW mit einem Siedepunkt von bis zu 150 °C bei 1013 mbar bezeichnet. Die Verordnung gilt nicht für Oberflächenbehandlungsanlagen und -vorrichtungen mit einem Füllvolumen von bis zu 10 l, soweit die Lösemittel ohne Erwärmen eingesetzt werden und keine Abgase abgesaugt werden.

In Anlagen nach § 1 der 2. BImSchV dürfen allgemein nur die Lösemittel Tetrachlorethen, Trichlorethen, 1,1,1-Trichlorethan, Dichlormethan, R112, R113 und R11 eingesetzt werden. Besonderen Beschränkungen unterliegt nach § 2 Satz 2 2. BImSchV der Einsatz von Trichlorethen. Dieses darf beim Betrieb von Chemischreinigungsn- und Textilausrüstungsanlagen überhaupt nicht eingesetzt werden und beim Betrieb von Oberflächenbehandlungsanlagen mit Absaugeinrichtung sowie Extraktionsanlagen nur noch bis zum 30. Juni 1990.

An die Errichtung und den Betrieb von Anlagen nach der 2. BImSchV werden über die Regelung der Einsatzstoffe hinaus folgende Anforderungen gestellt:

Für Oberflächenbehandlungsanlagen ohne Abgasabsaugung werden bestimmte, nicht zu überschreitende Verluste an leichtflüchtigen HKW in Abhängigkeit von der Anlagengröße vorgeschrieben. Möglichkeiten der weiteren Verminderung der Verluste durch Kapselung und Abdichtung der Anlage sowie durch Kondensationsabscheidung sind auszuschöpfen.

Bei Oberflächenbehandlungsanlagen mit Absaugvorrichtung sind die Abgase über einen Abscheider zu führen, mit dem die Einhaltung näher bezeichneter Massenkonzentrationen im Abgas sichergestellt wird. Für Chemischreinigungs- und Textilausrüstungsanlagen werden die zulässigen Massenkonzentrationen differenziert nach Anlagen mit oder ohne Absaugung festgelegt. Bei Extraktionsanlagen, deren Massenstrom leichtflüchtiger HKW im Abgas 0,3 kg/h oder mehr beträgt, sind die Abgase über einen Abscheider zu leiten, der die Einhaltung der vorgegebenen Konzentrationen sicherstellt.

Abgesaugte Abgase müssen durch eine Abgasleitung so abgeleitet werden, daß sie mit der freien Luftströmung abtransportiert werden können, es sei denn, daß durch eine andere Ableitung der Abgase keine schädlichen Umwelteinwirkungen zu befürchten sind. Absauganlagen müssen mit einer Kontrollöffnung versehen sein, die technisch einwandfreie und gefahrlose Messungen der Massenkonzentration leichtflüchtiger HKW zuläßt.

Der Betreiber einer Anlage mit Absaugeinrichtung muß die Einhaltung der festgelegten Massenkonzentrationen durch regelmäßige Messungen ermitteln lassen. Die Messungen sind von einer nach § 26 BImSchG bekanntgegebenen Meßstelle frühestens 3 Monate und spätestens 6 Monate nach Inbetriebnahme der Anlage erstmalig durchzuführen. Bei Anlagen, deren Massenstrom an leichtflüchtigen HKW 0,5 kg/h übersteigt, müssen Messungen wiederkehrend alle 3 Jahre vorgenommen werden.

Betreiber einer Anlage mit Abscheider müssen die Funktion des Abscheiders mindestens einmal monatlich prüfen und das Ergebnis schriftlich festhalten.

Von den zuvor aufgezählten Anforderungen kann die Überwachungsbehörde auf Antrag Ausnahmen zulassen, wenn einzelne Anforderungen unter Berücksichtigung besonderer Umstände des Einzelfalles nur mit unverhältnismäßig hohem Aufwand erfüllt werden können und schädliche Umwelteinwirkungen nicht zu befürchten sind.

Für sogenannte Altanlagen, die vor dem Inkrafttreten der 2.BImSchV errichtet worden sind, gilt die Übergangsregelung des § 12 2.BImSchV. Danach werden abhängig vom Massenstrom leichtflüchtiger HKW im Abgas Übergangsfristen von 2 bis zu 5 Jahren nach dem Inkrafttreten der 2.BImSchV am 1. Juli 1986 vorgesehen.

### 3.2.2 Wasserrechtliche Regelungen

Wasserrechtliche Vorgaben betreffend den Einsatz von Halogenkohlenwasserstoffen und Lösemitteln ergeben sich aus dem Recht der wassergefährdenden Stoffe und den Vorschriften über die Einleitung von Abwasser in Gewässer oder die öffentliche Kanalisation.

#### I. Umgang mit wassergefährdenden Stoffen

Anforderungen an den Umgang mit wassergefährdenden Stoffen sind in §§ 19 g ff. Wasserhaushaltsgesetz (WHG) definiert [3.12].

Als Umgang mit wassergefährdenden Stoffen werden die Tätigkeiten des Lagerns, Abfüllens, Herstellens und Behandelns wassergefährdender Stoffe sowie deren Verwendung im Bereich der gewerblichen Wirtschaft oder öffentlicher Einrichtungen bezeichnet.

Entsprechend weit gefaßt ist auch der Begriff der Anlagen zum Umgang mit wassergefährdenden Stoffen. Unter den Anlagenbegriff fallen vor allem ortsfeste Anlagen wie eingebaute Lagertanks, Lagerhallen, Umschlagplätze und -einrichtungen sowie bewegliche Anlagen wie Lagerfässer und Aufsetztanks. Fahrzeuge wie z. B. Tankfahrzeuge oder Eisenbahnkesselwagen, fallen dagegen nur unter § 19g WHG, wenn sie für längere Zeit abgestellt werden, da eine Beförderung wassergefährdender Stoffe und damit auch das vorübergehende Abstellen von gefüllten Fahrzeugen im Rahmen der Beförderung nicht in § 19g WHG genannt ist [3.19].

Wassergefährdende Stoffe sind nach § 19g Abs. 5 WHG unter anderem flüssige oder wasserlösliche Kohlenwasserstoffe sowie halogenhaltige organische Verbindungen, die geeignet sind, nachhaltig die physikalische, chemische und biologische Beschaffenheit des Wassers zu verändern. Eine detaillierte Aufzählung wassergefährdender Stoffe enthält der "Katalog wassergefährdender Stoffe" [3.14]. In diesem Katalog werden Stoffe nach einer Bewertung ihres Gefährdungspotentials durch die Kommission zur Bewertung wassergefährdender Stoffe (KBwS) sogenannten Wassergefährdungsklassen (WGK) zugeordnet. In dem Katalog werden z.B. Tetrachlorethen, Tetrachlorkohlenstoff, 1.1.1.-Trichlorethan und Trichlorethen aufgrund ihrer Toxizität und ihrer langsamen Abbaubarkeit in WGK 3 - stark wassergefährdend - eingestuft.

Die Einstufung in WGK gibt den Wasserbehörden Anhaltspunkte, welche Schutzvorkehrungen und Überwachungsmaßnahmen bei Anlagen zum Umgang mit wassergefährdenden Stoffen erforderlich sind.

Anlagen zum Umgang mit wassergefährdenden Stoffen müssen so beschaffen sein, errichtet und betrieben werden, daß eine Verunreinigung der Gewässer oder eine sonstige nachteilige Veränderung ihrer Eigenschaften nicht zu besorgen ist. Es darf daher keine auch noch so wenig naheliegende Wahrscheinlichkeit einer Gewässerverunreinigung bestehen [3.20].

Um dieses Ziel zu erreichen, müssen die Anlagen mindestens nach den allgemein anerkannten Regeln der Technik beschaffen sein sowie errichtet und betrieben werden.

Die allgemein anerkannten Regeln der Technik werden in den ausfüllenden Vorschriften der einzelnen Länder konkretisiert. Besonders hervorzuheben sind die Verordnungen über Anlagen zum Umgang mit wassergefährdenden Stoffen (VAwS) der einzelnen Bundesländer, die ihrerseits zur näheren Bestimmung der allgemein anerkannten Regeln der Technik auf bestimmte öffentlich bekannt gemachte technische Vorschriften und Baubestimmungen (z.B. DIN-Normen) verweisen. Anlagen zum Umgang mit wassergefährdenden Stoffen, Teile von ihnen sowie Schutzvorkehrungen, die nicht einfacher oder herkömmlicher Art sind, dürfen nach § 19h WHG nur verwendet werden, wenn ihre Eignung entweder im Einzelfall festgestellt ist (Eignungsfeststellung) oder die Anlagen serienmäßig hergestellt werden und der Bauart nach zugelassen sind (Bauartzulassung). Eignungsfeststellung oder Bauartzulassung entfallen nur dann, wenn Anlagen, Anlagenteile oder Schutzvorkehrungen einer Bauartzulassung nach Gewerberecht z.B. nach § 11a der Verordnung über brennbare Flüssigkeiten (VbF) oder eines baurechtlichen Prüfzeichens bedürfen (§ 19h Abs. 1 Satz WHG).

**Pflichten des Betreibers**

Betreibern von Anlagen zum Umgang mit wassergefährdenden Stoffen wird gemäß § 19i WHG vorgeschrieben, daß für deren Einbau, Aufstellung, Wartung und Reparatur im Regelfall ein Fachbetrieb zu beauftragen ist.

Er ist weiterhin zur ständigen Überwachung der Dichtheit der Anlage und der Funktionsfähigkeit der Sicherheitseinrichtungen, wie z. B. Leckanzeigegeräten, Überfüllsicherungen oder Auffangeinrichtungen, verpflichtet. Im Einzelfall kann durch behördliche Anordnung vom Betreiber verlangt werden, daß er die ständige Überwachung der Dichtheit und Funktionsfähigkeit einem Fachbetrieb überträgt, wenn der Betreiber nicht selbst über die erforderliche Sachkunde oder sachkundiges Personal verfügt.

Durch das Wasserrecht der Länder kann eine Sachverständigenprüfung bei Inbetriebnahme, in bestimmten Abständen während des Betriebs und bei Stillegung der Anlage auferlegt werden [3.16]. Soweit es zur frühzeitigen Erkennung von Verunreinigungen erforderlich ist, können dem Anlagenbetreiber Maßnahmen zur Beobachtung von Gewässern oder Boden auferlegt werden.

Beispiel: Grundwasserbeobachtungsbrunnen, Bodenuntersuchungen.

Wegen des verwaltungsrechtlichen Grundsatzes der Verhältnismäßigkeit muß die Behörde vor der Anordnung prüfen, ob die Beobachtungsmaßnahmen unter Berücksichtigung möglicher Kontaminationen sowie des zu erwartenden Kostenaufwandes gerechtfertigt sind.

Wird eine Anlage zum Umgang mit wassergefährdenden Stoffen befüllt oder entleert, müssen vor Beginn die Sicherheitseinrichtungen auf ordnungsgemäßen Zustand kontrolliert und der eigentliche Füll- oder Entleerungsvorgang durch das anwesende Personal überwacht werden (§ 19k WHG). Weitere Pflichten nach Landeswasserrecht betreffen die Verwendung ausreichend dichter und tropfsicherer Verbindungen von Rohren und Schläuchen zur Anlage [3.17] sowie die Verpflichtung, beim unplanmäßigen Austreten wassergefährdender Stoffe unverzüglich Maßnahmen zur Verhütung von Gewässerschäden zu ergreifen und das Austreten der Wasserbehörde, Polizei oder Feuerwehr zu melden, wenn wassergefährdende Stoffe in Gewässer, die Kanalisation oder den Boden eindringen oder einzudringen drohen [3.18].

**II. Abwassereinleitungen aus HKW und Lösemittel einsetzenden Betrieben**

**Mindestanforderungen an Abwassereinleitungen in Gewässer:**

Die für das Einleiten von Abwasser in Gewässer erforderliche Erlaubnis nach § 7 WHG darf nur erteilt werden, wenn die Schadstofffracht des Abwassers so gering gehalten wird, wie dies mindestens bei Einhaltung der allgemein anerkannten Regeln der Technik möglich ist.

Mindestanforderungen, die den allgemein anerkannten Regeln der Technik entsprechen, werden in allgemeinen Verwaltungsvorschriften zu § 7a WHG definiert.

Es ist damit zu rechnen, daß die Mindestanforderungen in den älteren Verwaltungsvorschriften in absehbarer Zeit verschärft werden. Grund ist eine Änderung des § 7a Abs. 1 Satz 3 WHG. Danach müssen die Mindestanforderungen bei Abwasser bestimmter Herkunft, das Stoffe oder Stoffgruppen enthält, die wegen der Besorgnis einer Giftigkeit, Langlebigkeit, Anreicherungsfähigkeit oder krebserzeugender, fruchtschädigender oder erbgutverändernder Wirkungen als gefährlich zu bewerten sind, dem Stand der Technik entsprechen. Als Herkunftsbereiche von Abwasser, das solche gefährlichen Stoffe enthält, bezeichnet § 1 der Abwasserherkunftsverordnung (AbwHerkV) u.a. die Bereiche [3.13]:

- Herstellung von halogenorganischen Verbindungen,
- Metallbe- und Metallverarbeitung,
- Druckereien,
- Chemischreinigungen, Wäschereien,
- technische Reinigungsbetriebe, Behälterreinigung,
- Fahrzeugwerkstätten und -waschanlagen,
- Maler- und Lackierbetriebe.

Konsequenz für Hersteller und Anwender von HKW wird es sein, daß zur Einhaltung der künftig festgelegten Werte nach dem Stand der Technik die Abwasserbehandlungsmaßnahmen dem Entwicklungsstand fortschrittlicher Verfahren, Einrichtungen oder Betriebsweisen entsprechen müssen, der den bestmöglichen Schutz der Gewässer gesichert erscheinen läßt [3.21]. Es werden daher verstärkt neuartige Produktions- und Reinigungstechniken in den Betriebsablauf einzubeziehen sein.

Nach § 7a Abs. 2 WHG haben die Bundesländer im Vollzug sicherzustellen, daß auch vorhandene Einleitungen den Mindestanforderungen entsprechen. Das bedeutet, daß auch bereits betriebene Anlagen nach einer Übergangszeit so nachgerüstet werden müssen, daß die Abwassereinleitungen dem Stand der Technik entsprechen.

**Einleiten von Abwasser in die Kanalisation**

Nach § 7a Abs. 3 WHG stellen die Länder sicher, daß vor dem Einleiten von Abwasser mit gefährlichen Stoffen in öffentliche Abwasseranlagen die erforderlichen Maßnahmen zur Begrenzung der Schadstofffracht auf die Werte nach dem Stand der Technik durchgeführt werden.

Zur Erfüllung dieses Auftrages erlassen die Bundesländer zur Zeit inhaltlich weitgehend identische Indirekteinleiterverordnungen,

Beispiel: Verordnung über die Genehmigungspflicht für das Einleiten gefährlicher Stoffe und Stoffgruppen in öffentliche Abwasseranlagen und ihre Überwachung (VGS), in Berlin in Kraft seit dem l. April 1989 [3.18].

In den Indirekteinleiterverordnungen werden Einleitungen von Abwasser in die Kanalisation von einer behördlichen Genehmigung abhängig gemacht, wenn bestimmte Inhaltsstoffe die vorgesehenen Schwellenwerte für eine Genehmigungspflicht überschreiten (§ 1 Abs. 2 VGS Berlin).

Die Schwellenwerte sind bundeseinheitlich festgesetzt und betragen u.a. für adsorbierbare, organisch gebundene Halogene (AOX) 0,5 mg/l bzw. 10 g/h. Für die HKW 1,1,1-Trichlorethan, Trichlorethen, Tetrachlorethen und Trichlormethan besteht die Genehmigungspflicht bei Überschreiten der Schwellenwerte von 0,2 mg/l bzw. 4 g/h.

In der Genehmigung sind von der Wasserbehörde Anforderungen an die Indirekteinleitung festzusetzen, die dem Stand der Technik entsprechen (§ 1 Abs. 3 VGS). Es ist zu erwarten, daß zur Bestimmung des Standes der Technik die Anforderungen der Abwasserverwaltungsvorschriften zu § 7a WHG herangezogen werden. Für bestehende Einleitungen in die Kanalisation muß die Genehmigung bis spätestens zum 31. März 1990 beantragt werden. Sie gilt dann bis zur Entscheidung über den Antrag als erteilt (§ 4 Abs. 2 VGS).

Neben den Vorgaben der Indirekteinleitergenehmigung sind auch die Regelungen der kommunalen Abwasserentsorgungseinrichtungen zu beachten, die aus Gründen der Sicherung des ordnungsgemäßen Betriebs der öffentlichen Kanalisation und der Sicherheit des Entsorgungspersonals zum Teil bestimmte Einleitungen beschränken oder verbieten.

### 3.2.3 Gefahrstoffrecht

Die bisher erwähnten Vorschriften regeln den Umgang mit HKW und Lösemitteln in erster Linie mit Blick auf den Schutz der Umweltmedien Luft, Wasser und Boden. Dagegen betrifft das Gefahrstoffrecht nicht zuerst den Schutz der Umwelt, sondern legt bestimmte Standards des Arbeits- und Verbraucherschutzes fest [3.24]. Beim Einsatz von HKW und Lösemitteln sind die Vorschriften über den Umgang mit Gefahrstoffen im dritten Abschnitt der Gefahrstoffverordnung (GefStoffV) zu beachten [3.23].

#### Gefahrstoffbegriff

Grundlage der Anwendung des dritten Abschnitts der GefStoffV ist der Gefahrstoffbegriff nach § 15 GefStoffV. Danach sind Gefahrstoffe gefährliche Stoffe oder Zubereitungen im Sinne des § 3 Nr. 3 des Chemikaliengesetzes (ChemG) [3.22].

Gefährliche Stoffe oder Zubereitungen sind solche Substanzen, die einem Gefährlichkeitsmerkmal des § 3 Nr. 3 ChemG zugeordnet werden können.

Diese Zuordnung ist für etwa 1.100 Stoffe und Zubereitungen in Anhang VI der GefStoffV erfolgt. Unter den dort aufgelisteten Stoffen befinden sich zahlreiche HKW und Lösemittel wegen ihrer Giftigkeit, Entzündlichkeit oder krebserzeugender und sonstiger schädlicher Wirkungen. Hinweise auf konkrete Gefahren einzelner Produkte können der Kennzeichnung der Produkte durch bestimmte Gefahrensymbole (z.B. Totenkopf = giftig), durch Gefahrenhinweise (z.B. "Leichtentzündlich") und Sicherheitsratschläge (z.B. "Bei der Arbeit nicht rauchen", "Bei der Arbeit geeignete Schutzkleidung tragen") entnommen werden. Diese Angaben sind entweder auf der Verpackung oder bei unverpackter Ware in einem Mitteilungsblatt des Herstellers aufgeführt.

Der Umgang mit Gefahrstoffen erfaßt das Herstellen und Verwenden von Gefahrstoffen. Zur Verwendung zählt nicht nur der unmittelbare Einsatz von Gefahrstoffen, sondern auch das Lagern, Aufbewahren, Be- und Verarbeiten, Umfüllen, Mischen, Vermischen und das innerbetriebliche Befördern durch den Verwender (§ 3 Nr. 8 ChemG).

Adressat der Vorschriften über den Umgang mit Gefahrstoffen ist der Arbeitgeber, der Arbeitnehmer und Auszubildende beschäftigt.

**I. Pflichten des Arbeitgebers**

**Ermittlungspflicht** (§ 16 GefstoffV)

Nach § 16 GefStoffV muß sich der Arbeitgeber vergewissern, ob es sich bei den im Betrieb eingesetzten Stoffen, Zubereitungen oder Erzeugnissen um Gefahrstoffe handelt. Dabei kann der Arbeitgeber davon ausgehen, daß eine auf der Verpackung oder einem Mitteilungsblatt des Herstellers enthaltene Kennzeichnung der Gefahren zutreffend ist.

Auch soll der Arbeitgeber prüfen, ob Stoffe oder Zubereitungen mit einem geringeren Gesundheitsrisiko erhältlich sind und diese verwenden, wenn ihm die Verwendung zumutbar ist.

Beispiel: Ersatz von HKW-haltigen Lösemitteln durch Alkohole, Ester, Ketone;
Verwendung von Korrekturflüssigkeit auf Wasserbasis.

Bei Ungewißheiten über die Gefährdung hat der Anwender die Möglichkeit, vom Hersteller oder Importeur eines Erzeugnisses Mitteilung über Gefahren und Schutzmaßnahmen zu verlangen. Sämtliche Ermittlungen über Gefahren und Schutzmaßnahmen sind vor Beginn des Umgangs mit Gefahrstoffen anzustellen.

**Allgemeine Schutzpflicht** (§ 17 GefStoffV)

Arbeitgeber, die mit Gefahrstoffen umgehen, sind verpflichtet, die erforderlichen Maßnahmen zum Schutz des menschlichen Lebens, der menschlichen Gesundheit und der Umwelt zu treffen.

Die notwendigen Maßnahmen ergeben sich aus der GefStoffV einschließlich ihrer Anhänge II - Umgang mit krebserzeugenden, fruchtschädigenden und erbgutverändernden Gefahrstoffen , III - Umgang mit bestimmten giftigen, ätzenden, reizenden und sonst chronisch schädigenden Gefahrstoffen (hier besonders Umgang mit Tetrachlorkohlenstoff, Tetrachlorethan, Pentachlorethan, Pentachlorphenol) und IV - Umgang mit bestimmten entzündlichen Gefahrstoffen (hier Nr. 1: Oberflächenbehandlung in Räumen und Behältern).

Neben diesen Vorschriften sind die sonst geltenden Arbeitsschutz und Unfallverhütungsvorschriften, die allgemein anerkannten sicherheitstechnischen, arbeitsmedizinischen und hygienischen Regeln sowie gesicherte arbeitswissenschaftliche Erkenntnisse zu beachten. Die Befolgung der Schutzpflichten wird erheblich durch die Beachtung der Kennzeichnung der verwendeten Stoffe hinsichtlich besonderer Gefahren und Sicherheitsratschläge vereinfacht.

**Überwachungspflicht**

Wenn nicht sicher auszuschließen ist, daß gefährliche Stoffe in der Luft am Arbeitsplatz auftreten, ist zu ermitteln, ob die Werte derMaximalen Arbeitsplatzkonzentration (MAK), der Technischen Richtkonzentration (TRK) oder des Biologischen Arbeitsplatz-Toleranzwertes (BAT) unterschritten oder die Auslöseschwelle überschritten wird (§ 18 Abs. 1 GefStoffV).

Die konkreten Zahlenwerte werden nicht in der GefStoffV aufgeführt. Sie können den "Technischen Regeln für Gefahrstoffe" " (TRGS) entnommen werden. Für den Bereich der HKW-Anwendung sind z. B. zu nennen:

- TRGS 102: TRK für gefährliche Stoffe,
- TRGS 502: Tetrachlorkohlenstoff, Tetrachlorethan, Penta-chlorethan,
- TRGS 507: Oberflächenbehandlung in Räumen und Behältern,
- TRGS 900: MAK-Werte-Liste 1988.

Die am Arbeitsplatz auftretenden Werte sind durch Messungen zu ermitteln. Fehlt dem Arbeitgeber selbst die notwendige Sachkunde oder die erforderlichen Meßeinrichtungen, kann eine außerbetriebliche Meßstelle beauftragt werden. Bei Meßstellen, die in ein Verzeichnis des Bundesministers für Arbeit und Sozialordnung aufgenommen sind, kann der Arbeitgeber ohne weitere eigene Prüfung davon ausgehen, daß die Meßergebnisse zutreffend sind. Das Verzeichnis der Meßstellen wird im Bundesarbeitsblatt veröffentlicht.

**Rangfolge von Schutzmaßnahmen** (§ 19GefStoffV)

Schutzmaßnahmen sind nach folgender Reihenfolge zu treffen:

1. Verhinderung des Freiwerdens gefährlicher Gase, Dämpfe oder Schwebstoffe sowie Verhinderung des Hautkontaktes von Arbeitnehmern mit gefährlichen, festen oder flüssigen Stoffen, soweit nach dem Stand der Technik möglich,

Beispiel: Verwendung geschlossener Systeme.

2. vollständige Erfassung dennoch freigewordener gefährlicher Stoffe am Austritts- oder Entstehungsort und umweltgerechte Beseitigung,

   Beispiel: Absauganlage für leichtflüchtige HKW mit Abscheidevorrichtung.

3. Lüftungsmaßnahmen nach Stand der Technik,

   Beispiel: Ventilationsanlage, offenes Fenster.

4. Beschaffung und Unterhaltung von geeigneten persönlichen Schutzausrüstungen für Arbeitnehmer und Beschränkung der Beschäftigungsdauer auf das vom Arbeitsverfahren unbedingt erforderte Maß,

   Beispiel: Vollschutzanzüge, Mundschutz.

Werden vom Arbeitgeber Schutzausrüstungen gestellt, müssen die Arbeitnehmer sie benutzen. Das Tragen von Vollschutzanzügen oder Atemschutz darf keine ständige Maßnahme sein.

**Betriebsanweisung und Unterweisung der Arbeitnehmer**

Der Arbeitgeber muß nach § 20 GefStoffV eine Betriebsanweisung erstellen, in der die beim Umgang mit Gefahrstoffen auftretenden Gefahren und erforderliche Schutzmaßnahmen und Verhaltensregeln festgelegt werden; dabei ist auch auf die sachgerechte Entsorgung entstehender gefährlicher Abfälle hinzuweisen.

Werden ausländische Arbeitnehmer beschäftigt, ist die Betriebsanweisung auch in deren Sprache abzufassen (§ 20 Abs. 1 Satz 2 GefStoffV).

Die Betriebsanweisung muß an geeigneter Stelle bekanntgemacht werden ("Schwarzes Brett").

Anhand der Betriebsanweisung sind die Arbeitnehmer, die mit Gefahrstoffen arbeiten, bei der Einstellung und danach mindestens einmal jährlich mündlich in einer betriebsinternen Schulung über den Umgang zu unterrichten.

Bei der Erstellung der Betriebsanweisung und der Durchführung der Unterweisung kann sich der Arbeitgeber an die Empfehlungen der TRGS 555 vom März 1989 halten.

**Hygienische Maßnahmen**

§ 22 Abs. 1 GefStoffV sieht vor, daß Lebensmittel und Tabakerzeugnisse, die zum Verbrauch durch Arbeitnehmer im Betrieb bestimmt sind, nur so aufbewahrt werden dürfen, daß sie mit Gefahrstoffen nicht in Berührung kommen.

Arbeitnehmer, die mit Gefahrstoffen umgehen, die als sehr giftig, giftig, krebserzeugend, fruchtschädigend oder erbgutverändernd eingestuft sind, dürfen in Arbeitsräumen oder an Arbeitsplätzen im Freien nicht essen, trinken, rauchen oder schnupfen.

Für diese Arbeitnehmer sind Bereiche einzurichten, in denen sie ohne Gesundheitsgefahr Lebensmittel oder Tabakerzeugnisse zu sich nehmen können.

Ferner sind diesen Arbeitnehmern Waschräume mit Duschen sowie Räume mit Aufbewahrungsmöglichkeiten für Arbeits- und Straßenkleidung zur Verfügung zu stellen.

**Aufbewahrung und Lagerung von Gefahrstoffen**

Nach § 24 GefStoffV müssen Gefahrstoffe so aufbewahrt und gelagert werden, daß sie die menschliche Gesundheit und die Umwelt nicht gefährden.

Dieser Pflicht ist z.B. dann genügt, wenn Gefahrstoffe in den Originalgebinden des Herstellers/Lieferanten aufbewahrt werden und diese Gebinde den Vorschriften des § 3 GefStoffV über die Verpackung von Gefahrstoffen entsprechen. In jedem Fall unzulässig ist eine Aufbewahrung von Gefahrstoffen in Behältnissen, durch deren Form oder Bezeichnung der Inhalt mit Lebensmitteln verwechselt werden kann,

Beispiel: Aufbewahrung von Lösemitteln in Mineralwasserflaschen.

**Weitere Pflichten des Arbeitgebers**

Über die bisher genannten Pflichten hinaus müssen die Beschäftigungsbeschränkungen des § 26 GefStoffV besonders bei der Beschäftigung von Auszubildenden und werdenden oder stillenden Müttern beachtet werden.

Bei der Beschäftigung von Arbeitnehmern mit bestimmten in Anhang V zur GefStoffV aufgeführten Stoffen schreibt § 28 GefStoffV die Durchführung von Vorsorgeuntersuchungen vor Beginn der Beschäftigung und innerhalb der in Anhang V zur GefStoffV genannten Fristen vor.

### 3.2.4 Entsorgung der HKW und Lösemittel

Die Entsorgung von HKW- und Lösemittelabfällen wird durch das Abfallgesetz (AbfG) und die hierzu erlassenen Verordnungen geregelt [3.25].

**I. Abfallbegriff**

Nach § 1 Abs. 1 Satz 1 AbfG sind Abfälle bewegliche Sachen, deren sich der Besitzer entledigen will (subjektiver Abfallbegriff) oder deren geordnete Entsorgung zur Wahrung des Wohls der Allgemeinheit, insbesondere des Schutzes der Umwelt, geboten ist (objektiver Abfallbegriff).

Eindeutig als Abfall im Sinne dieses Abfallbegriffs wird eine Sache bezeichnet, die der Besitzer *einfach loswerden* will. So zum Beispiel die Abgabe gebrauchter Lösemittel an Entsorgungsfirma oder die Selbstanlieferung an eine kommunale Sammelstelle.

Will der Besitzer eine für ihn nutzlos gewordene Sache einem Anderen zur Weiternutzung oder zur Verwertung überlassen, ist die Sache kein Abfall im subjektiven Sinne. Hier sei als Beispiel der Einsatz gebrauchter Lösemittel als Brennstoff in einem Zementwerk genannt. In diesem Fall betrachtet der Besitzer die gebrauchten Lösemittel subjektiv nicht als Abfall, sondern als Wirtschaftsgut.

Auch subjektiv nicht als Abfall, sondern als Wirtschaftsgut angesehene Rückstände unterliegen dem Abfallrecht dann, wenn ihre geordnete Entsorgung zur Wahrung des Wohls der Allgemeinheit geboten ist und die Rückstände damit Abfall im objektiven Sinn sind.

"Geboten" ist die Entsorgung von Sachen als Abfall dann, wenn durch einen anderweitigen Verbleib die in § 2 Abs. 1 Satz 2 AbfG genannten Schutzgüter beeinträchtigt würden und diese Beeinträchtigung nicht durch andere umweltrechtliche Vorschriften, wie z.B. des Immissionsschutzrechts, verhindert werden kann [3.37].

Die unsachgemäße Verbrennung halogenierter Kohlenwasserstoffe kann zu schädlichen Umwelteinwirkungen durch Luftverunreinigungen führen. Die Herbeiführung schädlicher Luftverunreinigungen verstößt gegen § 2 Abs. 1 Satz 2 Nr. 4 AbfG und beeinträchtigt damit das Allgemeinwohl. Erfolgt die Verbrennung von gebrauchten HKW oder Lösemitteln dagegen in einer für diese Brennstoffe nach BImSchG zugelassenen und mit der erforderlichen Abgasreinigung ausgestatteten Anlage, werden Beeinträchtigungen des Allgemeinwohls durch Luftverunreinigungen bereits mit Anwendung und Vollzug der einschlägigen Vorschriften des Immissionsschutzrechts vermieden. Wenn daher sichergestellt ist, daß HKW-haltige Abfälle in solchen Anlagen als Brennstoff eingesetzt werden, ist eine Entsorgung als Abfall nicht geboten. Insoweit unterliegt die Verwertung von Lösemittelrückständen nicht den Vorschriften des Abfallrechts.

**Sonderabfälle**

Den Begriff "Sonderabfall" kennt das AbfG nicht. Im allgemeinen Sprachgebrauch wird der Begriff zumeist im Zusammenhang mit Abfällen benutzt, die nach Art, Beschaffenheit oder Menge ein erhöhtes Risiko für Gesundheit und Umwelt enthalten ("Giftmüll").

Abfälle mit gesteigertem Umweltrisiko werden in § 2 Abs. 2 AbfG angesprochen. Nach dieser Vorschrift werden an die Entsorgung von Abfällen aus gewerblichen und sonstigen wirtschaftlichen Unternehmen oder öffentlichen Einrichtungen, die in besonderem Maße gesundheits-, luft- oder wassergefährdend, explosibel oder brennbar sind, oder Erreger übertragbarer Krankheiten enthalten oder hervorbringen können, nach Maßgabe des AbfG besondere Anforderungen gestellt.

Welche Abfälle unter § 2 Abs. 2 AbfG fallen, ergibt sichaus der Abfallbestimmungsverordnung.(AbfBestV) von 1977 [3.27].

Im Anhang zur AbfBestV werden bestimmte halogenhaltige organische Lösemittel (Abfallschlüsselnr. 55201 bis 55213), halogenhaltige organische Lösemittelgemische (Nr. 55220) sowie halogenfreie organische Lösemittel (Nr. 55301 bis 55327) und Lösemittelgemische (Nr. 55370) sowie lösemittelhaltige Schlämme (Nr. 55401, 55402) als Abfälle nach § 2 Abs. 2 AbfG bestimmt, soweit sie aus der industriellen Herstellung und Anwendung von Lösemitteln stammen. Zu den Abfällen nach § 2 Abs. 2 AbfG zählen ferner Lack- und Farbschlämme, die halogenhaltige oder halogenfreie Lösemittelbestandteile enthalten und aus Lackierereien mit Naßabscheidern stammen (Nr. 55503).

An die Entsorgung dieser Abfälle stellt das AbfG besondere Anforderungen hinsichtlich der Überwachung der geordneten Entsorgung.

Im Zuge der Überarbeitung des Rechts der Abfallwirtschaft und der Einführung einer "Technischen Anleitung Abfall" ist geplant, außer Lösemittelabfällen aus industriellen Anwendungsvorgängen auch Lösemittelabfälle aus der gewerblichen Wirtschaft als Abfälle nach § 2 Abs. 2 AbfG zu erfassen. Ausgenommen von den damit verbundenen Überwachungspflichten sollen jedoch Abfallerzeuger sein, bei denen jährlich eine Menge von nicht mehr als 500 kg einer Abfallart anfallen.

Im Zusammenhang mit der Veröffentlichung der "Technischen Anleitung Sonderabfall" wird am 1. Oktober 1990 eine geänderte Abfallbestimmungsverordnung in Kraft treten. Zum gleichen Zeitpunkt werden auch bestimmte Reststoffe der abfallrechtlichen Kontrolle unterworfen.

**II. Abfallvermeidung**

Der Gedanke der Abfallvermeidung ist mit der Neufassung des AbfG 1986 in § 1a Abs. 1 Satz 1 AbfG aufgenommen worden. Danach sind Abfälle nach Maßgabe von Rechtsverordnungen nach § 14 Abs.1 und 2 AbfG zu vermeiden. Zur Ausfüllung dieser Vorschrift sind erst wenige Verordnungen erlassen worden [3.30].

Zur Vermeidung von und Lösemittelabfälle n existiert eine entsprechende Verordnung und damit eine abfallrechtliche Vermeidungspflicht nicht. Der Vermeidung von Lösemittelabfällen dient jedoch die Verpflichtung der Betreiber genehmigungsbedürftiger Anlagen nach § 4 BImSchG, Anlagen so zu errichten und zu betreiben, daß Reststoffe vorrangig vermieden oder verwertet werden (§ 5 Abs. 1 Nr. 3 BImSchG). Gebrauchte Lösemittel, die bereits im Rahmen dieser Pflicht vermieden oder verwertet werden, werden erst gar nicht zu Abfällen, so daß die Erfüllung der immissionsschutzrechtlichen Betreiberpflicht auch einen Beitrag zur Abfallvermeidung leistet.

## III. Entsorgung von Abfällen Abfallentsorgung

Die Entsorgung von Abfällen umfaßt das Gewinnen von Stoffen oder Energie aus Abfällen (Abfallverwertung), wie die Aufarbeitung gebrauchter Lösemittel und den Einsatz von Lösemitteln als Brennstoff, sowie das Ablagern von Abfällen einschließlich der hierzu erforderlichen Maßnahmen des Einsammelns, Beförderns, Behandelns und Lagerns.

Mit der Neufassung des § 3 Abs. 2 Satz 3 AbfG ist der Vorrang der Abfallverwertung vor anderen Entsorgungsmaßnahmen gesetzlich festgeschrieben worden. Die Verwertung hat dann Vorrang vor anderen Entsorgungsmethoden, wenn sie technisch möglich ist, die hierbei entstehenden Mehrkosten nicht unzumutbar sind, und für die gewonnenen Stoffe ein Markt vorhanden ist.

Angesichts des Umstandes, daß Lösemittel zu großen Teilen destillativ aufgearbeitet werden können, daß im Vergleich zu einer Sonderabfallverbrennung an Land niedrigere Entsorgungskosten, wenn nicht gar Erlöse zu erwarten sind und aufgearbeitete Lösemittel wieder eingesetzt werden können, stellt sich gerade der Einsatz von Lösemitteln als ein Feld dar, auf dem sich Abfallverwertung nicht nur als umweltschonend, sondern auch ökonomisch lohnend erweist.

Abfälle sind so zu entsorgen, daß das Wohl der Allgemeinheit nicht beeinträchtigt wird. Eine Beeinträchtigung des Wohls der Allgemeinheit liegt beispielsweise dann vor, wenn durch die Entsorgung von Abfällen Gesundheitsgefährdungen oder Beeinträchtigungen des Wohlbefindens von Menschen auftreten, Gewässer, Boden und Nutzpflanzen schädlich beeinflußt werden oder schädliche Luftverunreinigungen herbeigeführt werden.

Wegen der gesundheits-, wasser- und bodengefährdenden Wirkungen von HKW ist es daher unzulässig, Lösemittelabfälle dadurch zu "entsorgen", daß gebrauchte Lösemittel in Abwassereinrichtungen oder Gewässer eingeleitet werden, auf den Boden gekippt, versickert oder vergraben werden, oder daß leichtflüchtige Halogenkohlenwasserstoffe durch offenes Stehenlassen von Behältnissen verdunstet werden.

### Entsorgungspflicht

Gemäß § 3 Abs. 1 AbfG hat der Besitzer Abfälle dem Entsorgungspflichtigen zu überlassen. Entsorgungspflichtig sind grundsätzlich Körperschaften des öffentlichen Rechts, die durch Landesrecht bestimmt werden. Entsorgungspflichtig ist z.B. in Berlin nach § 8 Abs. 1 des Stadtreinigungsgesetz (StRG) [3.35] das Land Berlin, das sich zur Erfüllung seiner Entsorgungspflicht eines beauftragten Dritten - nämlich der BSR - bedient.

Auf der Grundlage des § 3 Abs. 3 AbfG hat das Land Berlin jedoch solche Abfälle ausgeschlossen, die nach ihrer Art oder Menge nicht zusammen mit den in Haushaltungen anfallenden Abfällen entsorgt werden können [3.36]. Dazu gehören u.a. halogenhaltige Verbindungen und Lösemittelgemische in Anlieferungsmengen von mehr als 50 l je Einzelanlieferung.

Konsequenz dieser Regelung ist, daß gebrauchte Lösemittel in Mengen von weniger als 50 l je Anlieferung der BSR zu überlassen sind; da die Überlassungspflicht aber nur Abfälle erfaßt, ist die Abgabe von gebrauchten Lösemitteln an lösemittelaufarbeitende Betriebe zulässig, wenn es sich um Wirtschaftsgut handelt und eine geordnete Entsorgung als Abfall nicht geboten ist.

Bei Mengen über 50 l ist der Besitzer selbst zur Entsorgung verpflichtet. Auch in diesem Fall muß der Grundsatz des Vorrangs der Verwertung vor den sonstigen Entsorgungsmöglichkeiten beachtet werden.

Abfallerzeugende Betriebe können die Entsorgung entweder selbst durchführen oder ein geeignetes Entsorgungsunternehmen beauftragen. Bei der Beauftragung eines Entsorgungsunternehmens ist unbedingt darauf zu achten, daß das Unternehmen von der Infrastruktur her zu einer ordnungsgemäßen Beförderung der Abfälle imstande ist, und daß sichergestellt ist, daß die abgeholten Abfälle auch tatsächlich in eine geeignete Entsorgungsanlage gelangen.

Gemäß § 4 Abs. 3 AbfG dürfen Abfälle nach § 2 Abs. 2 AbfG nur einem Unternehmen überlassen werden, dem eine Beförderungsgenehmigung für die abzufahrende Abfallart erteilt worden ist. Ferner muß eine Bescheinigung des Betreibers einer Abfallentsorgungsanlage vorliegen, aus der dessen Bereitschaft zur Annahme der Abfälle hervorgeht.

Eine unsachgemäße Handhabung von Abfällen durch ein Entsorgungsunternehmen legt die Rechtsprechung regelmäßig bereits dann dem Abfallerzeuger zur Last, wenn dieser auch nur fahrlässig die Zuverlässigkeit des Entsorgungsunternehmens und den Verbleib der abgeholten Abfälle nicht überprüft hat. Hier bestehen erhebliche Haftungsrisiken in zivilrechtlicher und strafrechtlicher Hinsicht.

Zur Vermeidung dieser Risiken ist es daher ratsam, sich möglichst vor Erteilung eines Auftrages an ein Entsorgungsunternehmen zu wenden und sich die Einsammlungs- und Beförderungsgenehmigung nach § 12 AbfG sowie einen Nachweis vorlegen zu lassen, aus dem hervorgeht in welcher Anlage die Abfälle angenommen und entsorgt werden. Die ordnungsgemäße Entsorgung kann dadurch überprüft werden, daß sich der Abfallerzeuger den mit Stempel und Unterschrift des Betreibers der Entsorgungsanlage versehenen Abfallbegleitschein aushändigen läßt.

Sind die genannten Dokumente dem Abfallerzeuger vorgelegt worden, kann er sich in der Regel darauf verlassen, daß die Entsorgung ordnungsgemäß erfolgt ist, ohne daß weitere Prüfungen vorgenommen werden müssen. Die Sorgfaltspflicht des Abfallerzeugers kann weitere Prüfungen aber dann verlangen, wenn im Einzelfall Anlaß zu Zweifeln an der ordnungsgemäßen Entsorgung besteht (z.B. Bekanntwerden von Unregelmäßigkeiten im Betrieb des Abfuhrunternehmers, Auffälligkeiten der Handhabung von Begleitscheinen, kurzfristiger Wechsel der Entsorgungseinrichtung).

Nach § 4 AbfG dürfen Abfälle nur in den dafür zugelassenen Anlagen entsorgt werden. Den selbst zur Entsorgung verpflichteten Abfallerzeugern werden auf Anfrage von der Abfallbehörde die vorhandenen geeigneten Entsorgungsanlagen genannt.

**Überwachung der Entsorgung**

Die Abfallentsorgung wird mit Hilfe des Nachweisverfahrens nach § 11 Abs. 2 und 3 AbfG von den Abfallbehörden überwacht. Der Nachweis über Art, Menge und Entsorgung von Abfällen wird durch Nachweisbücher, das Einbehalten von Belegen und deren Aufbewahrung geführt.

Von Gesetzes wegen zur Nachweisführung verpflichtet sind u.a. Betreiber von Anlagen, in denen Abfälle nach § 2 Abs. 2 AbfG anfallen. Die betreffenden Anlagen werden in § 1 Abs. 3 der Abfallnachweis-Verordnung (AbfNachwV) [3.28] bestimmt.

Dort werden unter anderem aufgeführt Anlagen zur

- Verarbeitung von Farb-, Lack- und Anstrichmitteln, soweit sie mit Naßabscheidern ausgerüstet sind,
- Metallbearbeitung und Metallverarbeitung,
- Veredelung und Behandlung von Metall- oder Kunststoffoberflächen durch Galvanisieren, Härten (nur Metall), Ätzen oder Beizen.

Die Nachweisführung kann auch von Besitzern anderer Abfälle durch behördliche Anordnung im Einzelfall verlangt werden, soweit diese Abfälle nicht zusammen mit den in Haushaltungen anfallenden Abfällen entsorgt werden.

Der Nachweis über Art, Menge und Entsorgung von Abfällen wird mit Hilfe des Begleitscheinverfahrens nach §§ 2 - 5 AbfNachwV geführt. Dabei füllt der Abfallerzeuger die Begleitscheine nach Maßgabe der für ihn bestimmten Aufdrucke aus und versichert die Richtigkeit seiner Angaben. Nach Ergänzung der Angaben durch den Beförderer behält der Abfallerzeuger die Ausfertigungen "weiß" und "rosa" als Beleg über die Abgabe der Abfälle.

"Rosa" ist der für den Abfallerzeuger zuständigen Überwachungsbehörde innerhalb von 10 Tagen nach Abgabe der Abfälle zuzusenden, "weiß" heftet der Erzeuger in sein Nachweisbuch. Nach der Entsorgung erhält der Abfallerzeuger die Ausfertigung "altgold" mit der Bestätigung der Abfallannahme in der Entsorgungsanlage, die auch ins Nachweisbuch geheftet wird. Das Nachweisbuch ist vom Datum des letzten Beleges an drei Jahre aufzubewahren und den Behörden auf Verlangen vorzulegen.

**IV. Bestellung eines Betriebsbeauftragten für Abfall**

Betreiber von Anlagen, in denen regelmäßig Abfälle nach § 2 Abs. 2 AbfG anfallen, haben einen Betriebsbeauftragten für Abfall zu bestellen (§ 11a Abs. 1 AbfG).

Zum Kreis dieser Anlagen zählen nach § 1 Nr. 2 der Verordnung über Betriebsbeauftragte für Abfall [3.29] Anlagen zur Verarbeitung von Farb- und Anstrichmitteln mit Naßabscheider (Nr. 3) sowie Anlagen zur Veredelung oder Behandlung von Metall- oder Kunststoffoberflächen durch bestimmte Verfahren (Nrn. 5, 6).

Der Betriebsbeauftragte hat nach § 11b AbfG die Aufgabe, betriebsintern den Weg der Abfälle von der Entstehung bis zur Entsorgung, sowie die Einhaltung der abfallrechtlichen Vorschriften zu überwachen. Er hat auch die Beschäftigten über schädliche Wirkungen der Abfälle aufzuklären und auf die Entwicklung und Einführung umweltfreundlicher Verfahren zur Vermeidung und Verwertung von Abfällen hinzuwirken. Er erstattet dem Betreiber der Anlage einmal jährlich Bericht über getroffene und beabsichtigte Maßnahmen (§ 11b Abs. 2 AbfG). Vor Investitionsentscheidungen ist der Betriebsbeauftragte zu hören (§ 11d AbfG).

**"Verordnung über die Entsorgung gebrauchter halogenierter Lösemittel"**

Am 31. Oktober 1989 wurde die "Verordnung über die Entsorgung gebrauchter halogenierter Lösemittel" (HKW-AbfV) im Bundesgesetzblatt verkündet [3.31].

Die HKW-AbfV ist im wesentlichen am 1. Januar 1990 in Kraft getreten; lediglich die Vorschrift des § 5 über die Kennzeichnungspflicht für Lösemittelgebinde tritt erst am 1. April 1990 in Kraft.

Sie dient dazu, die Verwertung gebrauchter Lösemittel und lösemittelhaltiger Flüssigkeiten angesichts der Einstellung der Abfallverbrennung auf See und fehlender Entsorgungskapazitäten an Land zu erweitern.

Die Verordnung gilt für Lösemittel, die in Oberflächenbehandlungsanlagen, Chemischreinigungs- und Textilausrüstungsanlagen, Extraktionsanlagen oder Anlagen zur Herstellung von Stoffen, Zubereitungen oder Erzeugnissen mit Hilfe von Lösemitteln eingesetzt werden. Der Kreis der betroffenen Anlagen ist nahezu identisch mit dem Kreis der Anlagen nach der 2. BImSchV. Dieser Kreis wird durch Anlagen zur Herstellung von Substanzen oder Erzeugnissen unter Einsatz von Lösemitteln ergänzt; dabei ist an Anlagen zur fabrikneuen Herstellung von Stoffen durch chemische Umwandlung, zur Formulierung von Pflanzenschutz- oder Schädlingsbekämpfungsmitteln, zur fabrikmäßigen Herstellung von Arzneimitteln und Anlagen zum Färben (unter Verwendung von Färbebeschleunigern) gedacht [3.32].

Als Lösemittel bezeichnet die HKW-AbfV flüssige Stoffe mit einem Massegehalt von mehr als 5 % HKW mit einem Siedepunkt zwischen 200 und 150 °C bei 1013 hPa. Lösemittelhaltige Flüssigkeiten mit einem Massegehalt von weniger als 5 % HKW werden von der HKW-AbfV nicht erfaßt, da erst von diesem Gehalt an eine Lösemittelrückgewinnung technisch und wirtschaftlich möglich ist [3.32]. Lösemittel mit einem HKW-Gehalt unter 5 % unterliegen den allgemeinen abfall rechtlichen Vorschriften und sind der geordneten Sonderabfallentsorgung zuzuführen.

Nach Gebrauch sind die von der HKW-AbfV erfaßten Lösemittel getrennt nach dem Hauptbestandteil des jeweiligen Ausgangsproduktes zu halten. Damit soll die destillative Aufarbeitung erleichtert werden. Die Trennung kann z.B. dadurch erfolgen, daß gebrauchte HKW-Lösemittel wieder in das Anlieferungsgebinde zurückgefüllt werden [3.33]. Lösemittel unterschiedlicher Ausgangsprodukte dürfen nach Gebrauch weder untereinander, noch mit anderen Stoffen oder Abfällen vermischt werden.

Lösemittelvertreiber sind verpflichtet, die an einen Anwender gelieferten Lösemittel nach Gebrauch zurückzunehmen, wenn an den Anwender Lösemittel in Mengen von mehr als 10 l pro Monat abgegeben werden. Dagegen sind die Lösemittelanwender zu einer Rückgabe an den Vertreiber nicht verpflichtet, sondern können gebrauchte Lösemittel auch weiterhin im Rahmen der gesetzlichen Bestimmungen verwerten oder zur Entsorgung abgeben [3.34].

Wenn der Lösemittelverwender den Vertreiber auf die Rücknahme gebrauchter Lösemittel in Anspruch nimmt, hat er eine Erklärung über Art und Verwendung der Lösemittel abzugeben und zu erklären, daß nach dem Lösemittelgebrauch keine anderen Lösemittel oder sonstigen Stoffe zugemischt worden sind.

### 3.2.5 Transport der HKW und Lösemittel

Beim Transport von HKW und Lösemitteln sind neben den bisher zitierten Vorschriften des Wasser-, Abfall-, Immissions- und Arbeitsschutzrechts auch die Regelungen des Gesetzes über die Beförderung gefährlicher Güter (Gefahrgutgesetz) [3.26] und der hierzu erlassenen Gefahrgutverordnungen Straße (GGVS), Eisenbahn (GGVE), Binnenschiffahrt (GGVBinSch) und Seeschiffahrt (GGVSee) zu beachten.

Das GefahrgutG gilt für die Beförderung gefährlicher Güter mit Eisenbahn, Straßen-, Wasser- und Luftfahrzeugen. Es gilt nicht für Beförderungen innerhalb abgeschlossener Gelände von Betrieben, in denen gefährliche Güter hergestellt oder eingesetzt werden (§ 1 Abs. 1 GefahrgutG).

Gefährliche Güter sind nach der Begriffsbestimmung des GefahrgutG Stoffe und Gegenstände, von denen aufgrund ihrer Natur, ihrer Eigenschaften oder ihres Zustandes Gefahren für die Allgemeinheit, wichtige Gemeingüter, Leben und Gesundheit von Menschen sowie für Sachen ausgehen können.

Die Beförderung umfaßt nicht nur die reine Ortsveränderung, sondern auch Übernahme und Ablieferung des Gutes, zeitweilige Aufenthalte im Verlauf der Beförderung, sowie Vorbereitungs- und Abschlußhandlungen (Verpacken, Auspacken, Be- und Entladen), auch wenn diese Tätigkeiten nicht vom Beförderer ausgeführt werden.

Gerade diese Vorschrift legt es nahe, daß sich auch Verwender von solchen Lösemitteln, die unter das GefahrgutG fallen, mit den Bestimmungen des Gefahrgutrechts vertraut machen.

Das Gefahrgutrecht regelt in erster Linie technische Details wie Verpackung von Gefahrgütern, Bau, Beschaffenheit und Ausrüstung von Transportfahrzeugen und -behältern, Schutz- und Unfallverhütungsmaßnahmen.

Die elementaren Regelungen finden sich daher in umfangreichen technisch geprägten Anlagen zu den einzelnen Gefahrgutverordnungen.

# 4 Transport, Lagerung und innerbetrieblicher Umgang

Dipl.-Chem. U. Zabach

## 4.1 Transport

Unter Transport versteht man die Ortsveränderung von Waren, Betriebsmitteln, Personen und Informationen. Rechtliche Grundlage hierfür ist das Gesetz über die Beförderung gefährlicher Güter mit seinen diversen Verordnungen [4.6].

Bei Land- und Seetransporten sind die entsprechenden Vorschriften der Verordnung zur Beförderung gefährlicher Güter mit Binnenschiffen (GGVBinSch), zur Beförderung mit Seeschiffen (GGVSee), zur innerstaatlichen und grenzüberschreitenden Beförderung gefährlicher Güter mit Eisenbahnen (GGVE) und Vorschriften über die innerstaatliche und grenzüberschreitende Beförderung gefährlicher Güter auf Straßen (GGVS) einzuhalten [4.1 - 4.4]

Da der überwiegende Teil des Transportes auf der Straße bewältigt wird, sollen im Folgenden nur die Vorschriften der GGVS behandelt werden. Diese regelt Sicherheitspflichten, Zulassungen, Sonderrechte und Ordnungswidrigkeiten.In Anlagen zur GGVS finden sich Verzeichnisse der verschiedenen Stoffe und ihrer Kennzeichnungsnummern, sowie Listen besonders gefährlicher Güter, die auch als Listengüter bezeichnet werden. Zur Beförderung von Listengütern ist eine zusätzliche Beförderungserlaubnis notwendig.

Die derzeit verwandten Lösemittel sind fast ausnahmslos Gefahrgüter im Sinne der GGVS, selten jedoch Listengüter. Halogenfreie Lösemittel werden allgemein der Klasse 3 GGVS "brennbare Flüssigkeiten" zugeordnet. Halogenkohlenwasserstoffe dagegen finden sich in der Klasse 6.1 "giftige und gesundheitsschädliche Stoffe" (s. Tabelle 4.2).

Beim Transport als Stückgut ist das Zusammenladeverbot von Stoffen verschiedener Klassen der GGVS zu beachten. Ein gemeinsamer Transport explosionsgefährlicher und feuergefährlicher Güter ist nicht möglich [4.4].

## 4.2 Lagerung

Unter Lagerung ist jede Art der Aufbewahrung, die nicht dem Transport oder dem Fortgang der Produktion dient, zu verstehen. Die derzeit gültigen Gesetze und Vorschriften definieren den Begriff der Lagerung nicht eindeutig . Es hat sich jedoch die Sichtweise durchgesetzt, einen Aufenthalt über 24 Stunden an einem Ort oder das Einlagern in ein Regal als Lagern zu bezeichnen.

Bei der Lagerung muß prinzipiell unterschieden werden, ob es sich um brennbare Flüssigkeiten oder giftige bzw. gesundheitsschädliche Stoffe handelt. Brennbare Flüssigkeiten sind entsprechend der Verordnung über Anlagen zur Lagerung, Abfüllung und Beförderung brennbarer Flüssigkeiten (VbF) zu behandeln [4.10].

Wie Tabelle 4.1 zeigt, nimmt diese Verordnung eine Unterteilung in die Gruppen AI, AII, AIII und B ein. An jede Gruppe werden unterschiedliche Lagerbedingungen geknüpft, die in den TRbF 100 und 110 beschrieben sind [4.8].

**Tabelle 4.1** Gefahrenklassen der Verordnung über brennbare Flüssigkeiten (VbF) [4.10]

| Gefahrenklasse | Definition |
|---|---|
| AI | Flüssigkeiten mit einem Flammpunkt unter 21 °C |
| AII | Flüssigkeiten mit einem Flammpunkt zwischen 21 °C und 55 °C |
| AIII | Flüssigkeiten mit einem Flammpunkt zwischen 55 °C und 100 °C |
| B | Flüssigkeiten mit einem Flammpunkt unter 21 °C, die, oder deren brennbare Bestandteile, sich bei 15 °C in Wasser lösen |

Die TRbF 100 enthält allgemeine Vorschriften über den Aufbau eines Lagers, die maximale Lagerkapazität, die Brandschutzstufen und das Löschwasserrückhaltevolumen. Abhängig von der Brandschutzstufe ergibt sich das Löschwasserrückhaltevolumen durch die Kopplung der Wassergefährdungsklasse WGK mit der Menge des eingelagerten Stoffes [4.8].

Handelt es sich bei den einzulagernden Stoffen um giftige oder gesundheitsgefährdende Stoffe, so sind zusätzlich die Bestimmungen der Gefahrstoffverordnung und der TRGS 003, 200 und 514 heranzuziehen.

Überschreiten die Mindestmenge eines Lagergutes die Größenordnung von 20 t, so kann ein Lager unter die Störfall-Verordnung fallen. Voraussetzung ist, daß das Lagergut in der Aufzählung der Störfallverordnung genannt wird [4.11].

Tabelle 4.2 zeigt übersichtlich die Zuordnungen der wichtigsten Lösemittel nach den oben genannten Verordnungen und Richtlinien:

**Tabelle 4.2** Klassifizierung der wichtigsten Lösemittel [4.4, 4.5, 4.7, 4.10]

| Lösemittel | GGVS Klasse | GefStoffV Nr. | VbF Kl. | WGK | MAK ($ml/m^3$) |
|---|---|---|---|---|---|
| Methanol | 3 | 981 | B | 1 | 200 |
| Isopropanol | 3 | 1240 | B | 1 | 400 |
| Cyclohexan | 3 | 372 | AI | 1 | 300 |
| Benzol | 3 | 123 | AI | 3 | * |
| Toluol | 3 | 1376 | AI | 2 | 200 |
| Trichlormethan (Chloroform) | 6.1 | 1408 | - | 2 | 10 |
| Tetrachlormethan | 6.1 | 1341 | - | 3 | 10 |
| Trichlorethan | 6.1 | 1012 | - | 3 | 200 |
| Trichlorethylen | 6.1 | 1403 | - | 3 | 50 |
| Perchlorethylen | 6.1 | 1176 | - | 3 | 50 |
| Trichlortrifluorethan (R113) | - | - | - | - | 1000 |

*) TRK-Wert 16 $mg/m^3$ (cancerogen)

## 4.3 Innerbetrieblicher Umgang

Fast alle HKW und Lösemittel sind Gefahrstoffe gemäß der Gefahrstoffverordnung. Sie sind mit den entsprechenden Gefahrensymbol Symbolen und Beschriftungen zu versehen [4.5].

Neben der Kennzeichnungspflicht, die hauptsächlich den "Inverkehrbringer" betreffen, hat der Unternehmer die Pflicht, sämtliche Gefahrstoffe zu ermitteln, gegebenenfalls durch geringer gefährliche Stoffe zu ersetzen und seine Mitarbeiter in den sach- und fachgerechten Umgang mit diesen Gefahrstoffen zu unterweisen.

Seit 1990 hat der Unternehmer neben diesen Bestimmungen Betriebsanweisungen nach TRGS 555 zu erstellen, die speziell auf den Arbeitsplatz bzw. Arbeitsbereich auszurichten sind. Diese Betriebsanweisungen müssen in der Landessprache des Benutzers verfaßt sein [4.9].

Neben diesen Regelungen sind die Vorschriften der Berufsgenossenschaften, sowie das einschlägige Regelwerk der Merkblätter (z.B. ZH 319 Lösemittel) zu beachten.

Ist für den verwandten Stoff eine maximale Arbeitsplatzkonzentration (MAK) festgelegt worden, so sind Maßnahmen zu treffen, daß die Konzentrationen am Arbeitsplatz deutlich unter diesem Grenzwert bleiben. Bei Überschreitung des MAK-Wertes um mehr als 25 % (Auslöseschwelle), sind medizinische Vorsorgeuntersuchungen vorgeschrieben [4.7].

# 5 Recycling und Entsorgung

H. Kraef

## 5.1 Ökologische Aspekte

Wenn man sich mit der Entsorgung und Wiederaufarbeitung von umweltrelevanten halogenhaltigen und halogenfreien Lösemitteln beschäftigt, spielen die ökologischen Randbedingungen eine wesentliche Rolle und müssen in die Gesamtbetrachtungen einbezogen werden.

Die Konsequenzen des sorglosen Umgangs mit der Natur, wie die Vernichtung der Regenwälder in der Dritten Welt, das Waldsterben in vielen Ländern, die Verödung riesiger landwirtschaftlicher Flächen durch Bodenerosion, die Zerstörung der schützenden Ozonschicht, sind nie so augenfällig geworden, wie in den letzten Jahren.

Hinzu kommt, daß die wachsende Weltbevölkerung eine Steigerung des Energieeinsatzes notwendig machen. Der damit verursachte Treibhauseffekt wird durch die thermische Vernichtung der gleichzeitig anschwellenden Müllberge beschleunigt. Um eine Klimakatastrophe verhindern zu können, muß der gedankenlose Verbrauch fossiler Energien und Rohstoffe drastisch reduziert werden. Dies erfordert ein Umdenken auf vielen Feldern.

Die Produktion von Gütern, ihre Verteilung, ihr Gebrauch und ihre Entsorgung müssen in einer hochindustrialisierten Gesellschaft als geschlossenes System gesehen werden, denn bisher gilt noch immer: *alle Produkte werden irgendwann zu Abfall.*

Die Abfallwirtschaft wird deshalb zunehmend Schwerpunkt der Umweltpolitik und integrierter Bestandteil unserer Produktions- und Verteilungsindustrie werden.

Dies hätte folgende Konsequenzen:

- gesetzliche und ökonomische Rahmenbedingungen müßten zukünftig für die Wirtschaft Spielräume zur Herstellung von umweltentlastenden Produkten und Verfahren sichern.

- Überlebensfähige Produkte oder Systeme dürften zukünftig nicht nur für *einen* Zweck einsetzbar sein, sondern müßten einer Mehrfachnutzung zugänglich sein. Dies müßte schon bei der Produktentwicklung berücksichtigt werden. Ebenso zu beachten wäre der Verbleib des Produktes nach Ablauf seiner Lebensdauer .

- Eine notwendige Koppelung des Vorsorgeprinzips mit dem Verursacherprinzip müßte dazu führen, daß Hersteller, oder deren Beauftragte, Mitverantwortung für die Entsorgung zu übernehmen haben.

- Neben den zwei traditionellen *Faktoren Arbeit* und *Kapital*, müßte vom Verbraucher ein dritter Faktor - die *Ökologie* - akzeptiert und bezahlt werden. Dieser könnte darüber hinaus auch zu Produktions- oder Konsumbeschränkungen führen.

- Ein breiter gesellschaftlicher Konsens wird zu entwickeln sein, der zu einem neuen Verständnis von Produktion, Konsum und Entsorgung führen wird.

Daraus ergibt sich die Forderung nach einer zukünftigen Mehrfachnutzung von Stoffen. Nicht einseitige Entsorgungsverfahren (wie die Müllverbrennung), die, abgesehen von einer geringen Energiegewinnung, das Abfallproblem von der Deponie auf die Umweltmedien Luft und Wasser verlagern, sondern das Prinzip des Recycling sind verstärkt einzusetzen.

Nur durch eine nutzbringende Wiedereingliederung von Abfallprodukten in den Wirtschaftskreislauf, können die derzeit immer größer werdenden Abfallprobleme gelöst werden, doch sind dazu neue Denkansätze erforderlich.

Hier hilft ein eindimensionales Prinzip, das nur Anfang und Ende kennt, nicht weiter. Es sind Kreisprozesse zu entwickeln und zu durchdenken, auch dann, wenn dies nur branchenübergreifend - also im Verbund verschiedenartiger Wiederanwendungsbereiche - möglich ist.

Neben dem System der Mehrfachnutzung, werden jedoch auch andere ökologische Entwicklungen zu einer drastischen Veränderung, insbesondere der Chemiemärkte, führen und eine Umorientierung der Managementstrategien auf umweltgerechtes Handeln für die 90er Jahre fordern.

Dazu drei Beispiele:

1. Der unbeirrbare Glaube an den technischen Fortschritt, mit dessen Hilfe gleichzeitig alle mit der Industrialisierung und Technisierung verbundenen Folgewirkungen und Risiken zu überwinden seien, ist erschüttert. Daraus haben sich gerade in der Bundesrepublik Skepsis und Selbstzweifel beim Umgang und bei der Anwendung chemischer Produkte entwickelt. Gesamtökologische Auswirkungen rücken demnach mehr und mehr in den Vordergrund .

Dies erfordert ein Sicherheitsdenken, das in Zukunft noch stärker als bisher als Teil einer umfassend zu definierenden Verträglichkeitspolitik der Unternehmen verstanden werden sollte.

2. Das Denken in Wachstumskategorien läßt sich auf Dauer nicht mehr durchhalten. Im Gegenteil: die einseitige Abhängigkeit von quantitativem Wachstum muß zu Mißerfolgen führen. Das erfordert eine verstärkte Unabhängigkeit von einzelnen Produkten und ihrer verkauften Menge. Gerade die Chemie ist von dieser Entwicklung besonders betroffen. Sie wird sich neu einstellen müssen von Produktions- auf Funktionsleistungen, denn Produkte ändern sich zunehmend schneller, Funktionen aber bleiben lange erhalten.

3. Der externe Einfluß auf die Unternehmen durch politische Entwicklungen oder gesetzliche Maßnahmen wird ansteigen. Damit verlieren die bisher ausschließlich relevanten unternehmerischen Aspekte, sich mit rationellen Fertigungsverfahren, günstigen Preisen und möglichen Wettbewerbsvorteilen durchzusetzen, ihre Gültigkeit. Statt dessen treten Umweltfreundlichkeit, Energieeinsparung, Wiedereinsatz und eine umfassende Dienstleistungsorientierung in den Vordergrund.

Es wird also nicht mehr ausschließlich um die ständige Gewinn-Maximierung, sondern vielmehr um die Sicherung der Überlebensfähigkeit der Unternehmen und ihrer Märkte gehen.

## 5.2 Entwicklung der westeuropäischen Lösemittelmärkte

Diese, durch Abhängigkeit von quantitativem Wachstum, entstandenen Risiken lassen sich eindrucksvoll an den Bedarfsentwicklungen der halogenierten und nichthalogenierten Lösemittel in Westeuropa belegen. Wenn man die Entwicklung der einzelnen Produktgruppen betrachtet, ergeben sich, wie Tabelle 5.1 zeigt, zum Teil drastische Konsumabnahmen. Es läßt sich erkennen, daß gerade umweltexponierte Produkte, wie Halogenkohlenwasserstoffe, starke Mengenverluste aufweisen.

### Halogenkohlenwasserstoffe

Durch weltweite restriktive Maßnahmen ist eine massive Einschränkung des Einsatzes dieser Stoffe in den nächsten Jahren zu erwarten. Zum Beispiel ist in den USA vorgesehen, die Produktion des Lösemittels 1.1.1-Trichlorethan wegen seines ozonschädigenden Potentials bis zum Jahre 2.000 einzustellen. Die FCKW sind schon jetzt aus den gleichen Gründen mit einer zusätzlichen Umweltabgabe in Höhe von umgerechnet 2,30 DM /kg im Jahre 1990 bis hin zu umgerechnet 4,50 DM /kg im Jahre 1994 besteuert.

**Tabelle 5.1** Bedarfsentwicklung chlorierter und nichtchlorierter Lösemittel

| Produktgruppe | Bedarf (Mio. t) 1980 | 1991 | Änderung (%) |
|---|---|---|---|
| Aliphate | 1,45 | 0,85 | - 42 |
| Aromate | 1,05 | 0,89 | - 15 |
| andere Kohlenwasserstoffe (Acetate, Glykole, Alkohole etc.) | 1,86 | 2,25 | + 21 |
| Halogenkohlenwasserstoffe | 0,74 | 0,36 | - 51 |
| Gesamt | 5,10 | 4,36 | - 15 |

In der Bundesrepublik reglementiert der Gesetzgeber den künftigen Umgang mit Halogenkohlenwasserstoffen. Der zuvor beschriebene Konsumrückgang wird deshalb bis Mitte der 90er Jahre anhalten. Von den rund 200.000 t/a Bedarf 1986 werden 1994 bis 1995 noch etwa 50.000 bis 70.000 t/a verbleiben.

Dies ist im einzelnen auf ökologische und umweltpolitische Auflagen, Verbesserung der Anwendungstechnologien, der Anlagentechnik und einer grundsätzlichen Verschärfung der Grenzwerte für Wasser, Boden und Luft zurückzuführen.

Dennoch bleiben die halogenierten Lösemittel für die Industrie wegen ihrer besonderen Reinigungs- und Entfettungswirkung und der Nicht-Brennbarkeit wichtige Produkte. Sie sind in der Summe der Eigenschaften durch andere Verfahren nur schwer ersetzbar, denn Kohlenwasserstoffe und wässrige Systeme haben nicht zu unterschätzende Anwendungsnachteile und führen darüber hinaus ebenfalls zu Sicherheits- und Umweltproblemen.

Insgesamt wird die sensiblere Anwendung von halogenierten Lösemitteln in gekapselten Anlagen mit integrierter Abluftreinigung und Rückgewinnung zu erheblich geringerem Verbrauch, deutlich weniger Emissionen und einer stärkeren Belastung der Lösemittel durch Kreislaufsysteme führen.

Zudem wird eine systematische Überwachung der Bäder zur Einhaltung von Grenzwerten, eine kontinuierliche Stabilisatordosierung, sowie ein häufigerer Gesamtaustausch der Bäder in den Reinigungsanlagen notwendig werden.

An den Wiedereinsatz von Redestillaten, mit praktisch "frischwaren-vergleichbaren" Reinheitsgraden, werden hohe Qualitätsanforderungen zu stellen sein.

Auf die beteiligten Hersteller und Distributeure werden daher zukünftig zusätzliche Aufgaben und Maßnahmen im Sinne von Dienstleistungen zukommen:

- Anlieferung von Frischware und gleichzeitige Rücknahme des gebrauchten Materials (Organisation der Logistik)
- analytische Kontrolle der Reinigungsbäder auf notwendige Nachstabilisierung bis zum Austausch
- Lieferung von Stabilisatorsystemen
- Durchführung von Emissionsmessungen

sowie:

- Beratung und Verkauf von modernen Reinigungs- und Entfettungs-anlagesystemen in Kooperation mit den Herstellern
- Beratung und Verkauf von Installationen zum Schutz des Bodens
- Beratung und Verkauf von Geräten zur Reinigung von Kontaktwässern.

Die Übernahme von halogenierten Lösemitteln ist ab Januar diesen Jahres per Verordnung gesetzlich vorgeschrieben. Damit sind die Anwender grundsätzlich zur sortenreinen Sammlung der Abfälle gezwungen (Vermischungsverbot), sowie Hersteller als auch Verteiler zur direkten Rücknahme oder deren Organisation verpflichtet.

Dies hat erhebliche Auswirkungen auf den Verteilermarkt halogenierter Lösemittel. Sollen die Märkte erhalten bleiben, so fordert die Abhängigkeit zwischen Lieferung und Rücknahme abgestimmte Problemlösungen.

Der beschriebene Konsumrückgang, verbunden mit der Rücknahmepflicht und anschließender Wiederaufarbeitung, wird einerseits in den westeuropäischen Märkten zu Produktionsstillegungen führen. Es wird also eine Konzentration auf wenige Produzenten geben. Andererseits wird sich zwangsläufig auch die Anzahl der vielen regionalen Verteiler auf wenige überregionale verringern.

Daher geht der Trend eindeutig zu einer engen Kooperation zwischen jeweils einem Produzenten und einem landesweiten Chemie-Verteiler. Diese Partner müssen selbstverständlich auch die Kreislaufführung der gebrauchten Ströme über Recycling regeln.

**Halogenfreie Kohlenwasserstoffe**

Bei diesen sog. brennbaren Lösemitteln werden zwei wesentliche Entwicklungen den Verbrauch auf Basis des Jahres 1988 mindestens um weitere 25 % bis 1992 reduzieren.

Die gesetzlich vorgeschriebenen Emissionsbegrenzungen werden im gesamten Bereich der Lackindustrie zum verstärkten Einsatz von Abluftreinigungsanlagen führen. Diese ermöglichen, durch Kreislaufführung über eine interne oder externe Aufarbeitung, eine Mehrfachnutzung der Lösemittel. Insgesamt werden zukünftig ca. 250.000 t/a nicht mehr in die Atmosphäre abgegeben werden.

Zum anderen wird der Einsatz von Substitutionsprodukten und -verfahren, wie wasserverdünnbare oder lösemittelarme Lacksysteme, Pulverlacke und andere Anwendungen verstärkt.

Die Automobilindustrie stellt mit großem finanziellen Einsatz die Serienlackierungen auf wasserverdünnbare und lösemittelarme Grundierungs- und Lacksysteme um. Sie wird auf diesem Gebiet in den nächsten Jahren eine Vorreiterrolle übernehmen.

## 5.3 Abfallwirtschaft und Recycling

Die gesetzgebenden Organe, verstärkt auch regionale Aufsichtsbehörden, steuern immer detaillierter und restriktiver die Behandlung von Reststoffen und Abfällen und geben dabei folgende Prioritäten vor:

1. Abfallvermeidung durch innerbetriebliche, verfahrenstechnische Maßnahmen,

2. Abfallwirtschaftlich gebotene Verwertung,

3. Emissionsneutrale Beseitigung,

4. Entsorgung durch Deponierung.

Neben der grundsätzlichen Vermeidung von Rückständen wird zunehmend das Prinzip der Verwertung durch Recycling vorgeschrieben, denn die derzeitig verfügbaren Deponien sind in absehbarer Zeit am Ende ihrer Aufnahmekapazität und es mangelt an sicheren Müllverbrennungsanlagen mit ausreichender Kapazität.

Zwar gibt es eine Vielzahl innovativer Projekte, doch sind die Genehmigungsverfahren schwierig und Einsprüche der Bürger zahlreich. Über die Notwendigkeit derartiger Anlagen bestehen kaum Zweifel, jedoch gilt das Prinzip "Not in my backyard".

Die Bundesrepublik ist derzeit der größte Abfallexporteur in Westeuropa. Seit Einstellung der Hohe-See-Verbrennung hat dieser Trend noch zugenommen. Man weicht auf landgestützte Verbrennungsanlagen in Frankreich, Großbritannien, Dänemark und Finnland aus. Inwieweit diese Sondermüllverbrennungsanlagen unserem Sicherheitsstandard, verbunden mit den hier geltenden Abluftgrenzwerten, entsprechen, ist nicht bekannt.

Der Gesamtexport von Abfall stieg allein in den Jahren 1982 bis 1988 um 655 % auf 1,9 Mio t pro Jahr. Um diese Sondermüllmengen zu reduzieren, müßte bei einer Vielzahl von Stoffen, und ganz besonders auch bei organischen Lösemitteln, die Mehrfachnutzung der Weg der Zukunft sein. Daraus ergeben sich neue Stellenwerte für Recyclingunternehmen, deren technischer Standard zur Bewältigung der Gesamtproblematik heute noch nicht ausreicht.

In der Bundesrepublik und Westeuropa sind die Lösemittel-Wiederaufarbeiter überwiegend kleine bis mittelständische Gesellschaften. Ihre Kapitalkraft ist begrenzt. Kaum ein Unternehmen verfügt über eine eigene landesweite Beschaffungs- und Verteilerorganisation. Fast alle haben Nachholbedarf im sicherheitstechnischen Feld. Zudem fehlt Stabilisierungs-Know how für Chlorkohlenwasserstoffe, insbesondere für 1.1.1-Trichlorethan. Die Redestillatqualitäten entsprechen daher nur in Ausnahmefällen der Originalware. Ihr Wiedereinsatz muß auf einfache Anwendungen begrenzt werden. Diese Bereiche verlieren jedoch künftig erheblich an Nachfrage, denn gerade die Kaltreinigung wird in der Metallindustrie praktisch abgeschafft. Daraus folgt die Konzentration auf wenige kapitalstarke, professionelle Wiederaufarbeiter in den einzelnen EG-Ländern.

Zukünftig müssen Recyclingunternehmen als Voraussetzung über hochtechnische Recyclinganlagen mit wirtschaftlicher Kapazität, die einem sicherheitstechnischen Standard gleich dem Niveau der Großchemie entsprechen, verfügen. Sie benötigen ferner das technische Know how, die Lösemittel nach Vorreinigung und anschließender Rektifikation auf extrem hohe Reinheiten zu bringen. Gleichzeitig ist eine sichere Basis für die Entsorgung der nicht verwertbaren Rückstände zu schaffen.

Darüber hinaus sind der Originalherstellung angepaßte Analyse-Methoden mit Prüfverfahren zur Vollstabilisierung auf uneingeschränkten Wiedereinsatz, feste Kooperationsvereinbarungen mit Mengenkontingenten im in- und output sowohl mit Produzenten, als auch mit Verteilern, sowie eine komplette Infrastruktur mit Gleis- und Wasseranschlüssen.

Hierfür ist ein erheblicher Kapitalbedarf erforderlich. Die Anzahl der Recyclingbetriebe wird gerade deshalb auf einige wenige leistungsstarke Unternehmen zurückgehen. Dadurch reduzieren sich die Risiken des semiprofessionellen Umgangs mit diesen Stoffen erheblich.

## 5.4 Schlußbetrachtungen

Zusammenfassend läßt sich erkennen, daß die Lösemittelmärkte für halogenierte und nichthalogenierte Kohlenwasserstoffe in den nächsten Jahren vielfachen Änderungen unterliegen werden.

Insbesondere ist davon auszugehen, daß die ökologischen Rahmenbedingungen den tradionellen Umgang mit umweltrelevanten Stoffen nicht mehr bedingungslos zulassen. Die globale Beeinträchtigung der Umwelt - mit allen daraus entstehenden Konsequenzen - fordert neue Denkansätze zu sensiblerer Anwendung dieser Produkte.

Statt des eindimensionalen Prinzips mit Anfang und Ende, muß die künftige Orientierung verstärkt Kreislaufsysteme berücksichtigen. Bisheriges Wachstumsdenken wird unrealistisch und daher durch größere Funktionsorientierung mit Dienstleistungsaufgaben zu ersetzen sein.

Die Wiederaufarbeitung von Lösemitteln kann nur mit hohem sicherheitstechnischen Aufwand sinnvoll durchgeführt werden. Die Anforderungen an Recycling-Produkte steigen. Ein uneingeschränkter Wiedereinsatz läßt sich nur mit komplizierten mehrstufigen Verfahrensschritten erreichen. Für die verbleibenden Rückstände ist die Sicherung von thermischen Verwertungsverfahren an Land zur schadlosen Beseitigung notwendig.

Die Vielzahl von Aufgaben lassen sich nur gemeinsam, also im Verbund der beteiligten Wirtschaftskreise, lösen. Der Gesetzgeber hat die dazu notwendigen Voraussetzungen geschaffen.

Es kann davon ausgegangen werden, daß die Bundesrepublik in diesem Bereich damit eine Führungsrolle übernommen hat, die hoffentlich zunehmend von anderen Industrieländern nachvollzogen wird.

# 6 Emissionsminderungsmaßnahmen

Dipl.-Ing. P. Herger

Chlorkohlenwasserstoffe werden zur industriellen Behandlung von metallischen und nichtmetallischen Werkstücken eingesetzt. Dazu gehören die Entfernung von Verunreinigungen und Schleifrückständen, Entfettung, Spritzlackierung, Befettung der Oberfläche zum Korrosionsschutz und Trocknung der Werkstücke.

Überwiegend werden die Lösemittel Trichlorethen, Dichlormethan, Tetrachlorethen und 1.1.1.-Trichlorethan eingesetzt, wenn bedruckt, geklebt, lackiert und geschützt werden soll. In den dazu notwendigen Trocknungsprozessen werden diese Stoffe als gasförmige Verunreinigungen wieder freigesetzt.

Unter ökologischen und ökonomischen Aspekten ist eine Abgabe von Lösemitteln an die Umwelt jedoch kaum vertretbar (Novelle zur 2. BImSchV) [6.8].

## 6.1 Primäre Maßnahmen zur Emissionsminderung

Die mit Lösemitteln beladene Abluft sollte direkt am Entstehungsort erfaßt werden. Dies ist zum einen kostengünstig und zum anderen kommt es zu keiner Verdünnung der Abluft mit der Raumluft (Gasvolumen, Arbeitsschutz). Es bedarf äußerster Sorgfalt, die luftverunreinigenden Stoffe am Entstehungsort zu erfassen. So müssen beispielsweise bei Lackieranlagen Absaugeinrichtungen in Verbindung mit Hauben, Kapselungen und/oder Kanälen eingebaut werden (hierzu können Gaspendelleitungen oder gekapselte Anlagen verwendet werden). Im Hinblick auf die Minimierung der Investitions- und Betriebskosten sollte dabei die Luftmenge möglichst klein gehalten werden.

Durch Abstimmung der angesaugten Luftmenge auf die Erfordernisse des Produktionsprozesses bei wechselnden Betriebszuständen läßt sich eine Minderung der Abgasmenge erreichen. Die angesaugte Luftmenge ist so einzustellen, wie dies aus Gründen der Sicherheit (d.h. sichere Unterschreitung der unteren Explosionsgrenze) notwendig ist. Hierzu sind insbesondere Belange des Arbeitsschutzes zu berücksichtigen. Im Einzelfall werden bestimmte Anlagen unter Sauerstoffausschluß zu betreiben sein, um die Bildung von gefährlichen Atmosphären zu vermeiden.

Die gegenwärtige Entwicklung im Bereich der Emissionsminderung von Lösemitteln läßt erkennen, daß zukünftig mehr geschlossene Systeme eingesetzt werden, der abwasser- und abluftfreie Betrieb von Produktionsanlagen wird angestrebt. Diese Maßnahmen erfordern die Verzahnung der Emissionsminderung mit den Produktionsverfahren.

Gekapselte Anlagen halten Anforderungen an die Raumluftqualität bei geringerer Absaugleistung ein. Durch geeignete Anordnung der Absaugeinrichtung kann ein leichter Unterdruck erzeugt werden, so daß die Menge an Lösemitteln, die in den Arbeitsraum austritt, minimiert werden kann. Durch Undichtigkeiten der Anlagen und die dadurch auftretenden Abgas-Leckagen kann der Reinigungsgrad solcher Aggregate verringert werden. Der Aufwand für die Abluftreinigung wächst in der Regel stark bei steigendem Volumenstrom und gleichzeitig sinkender Konzentration der zu entfernenden Stoffe.

Am Rande sei hier darauf hingewiesen, daß zuerst selbstverständlich emissionsarme Systeme eingeführt und der Einsatz von Lösemitteln vermindert werden sollten. Wie in anderen Beiträgen angesprochen, sollte generell überlegt werden, ob der Einsatz von Lösemitteln in bestimmten Anwendungsgebieten vermieden werden kann. Die im Anschluß vorgestellten Abluftreinigungsverfahren sollten erst dann eingesetzt werden, wenn primäre Maßnahmen keinen ausreichenden Erfolg zeigen und Produktionsumstellungen wirtschaftlich oder technisch nicht durchführbar sind.

## 6.2 Abluftreinigungsverfahren

Ein sehr wesentliches Kriterium für die von einer Produktionsanlage verursachten Umweltbelastungen ist der emittierte Massenstrom luftfremder Stoffe. Es besteht deshalb das Ziel, den Abgas-Volumenstrom und die Konzentration dieser Substanzen zu vermindern. Das kann durch die geeignete Wahl des Produktions- und erforderlichenfalls des Abgasreinigungsverfahrens geschehen.

Die Emissionsminderung wird vielfach durch folgende Faktoren erschwert:

- hohe Volumenströme mit niedrigen Konzentrationen an Lösemitteln,

- gleichzeitiges Auftreten verschiedener Substanzen unterschiedlicher physikalischer Eigenschaften und z.T. sogar in unterschiedlichen Aggregatzuständen (z.B. als Fest- und Flüssigaerosole),

- harzhaltige, staubförmige und ölige Beimengungen.

Welches Verfahren in einem bestimmten Anwendungsfall eingesetzt werden kann, hängt von vielen Faktoren ab. Hierzu gehören u.a. Wasserlöslichkeit, Explosionsgrenze und Menge der eingesetzten Lösemittel, Mischung mehrerer Lösemittel, Neubau oder Aufrüstung einer Altanlage und die Investitions- und Betriebskosten. Aus wirtschaftlichen Gründen kann es vorteilhaft sein, die Substanz aus dem Abgas wiederzugewinnen und zu verwerten.

Zu berücksichtigen sind neben den Personal-, Betriebsmittel- und Energiekosten auch die Erlöse aus zurückgewonnenen Lösemitteln und vermiedenen Abfallkosten. Ist ein Regenerationsprozeß nicht möglich, so müssen Entsorgungskosten (Sonderabfall) und Kosten für die Kontaktwasseraufbereitung berücksichtigt werden. Zudem spielt die Standzeit und Verfügbarkeit der Anlage neben Belangen des Arbeitsschutzes eine entscheidende Rolle. Unter bestimmten Voraussetzungen können auch finanzielle Förderprogramme (staatliche Zuschüsse oder zinsgünstige Kredite) herangezogen werden.

Bei den Anlagenherstellern unterscheidet man zwischen Firmen, die Serienprodukte (sog. "Package-Produkte") herstellen und den Unternehmen, die sich mit Sonderanfertigungen beschäftigen. Je nach Hersteller und Qualität der Produkte können die Investitionskosten für diese Anlagen erheblich schwanken. Bei Vergleichen ist insbesondere die Standzeit der Anlagen zu berücksichtigen.

Eine eingehende Untersuchung unter Abwägung der genannten Faktoren ist deshalb für die Auswahl des richtigen Verfahrens zur Reinigung von lösemittelhaltiger Abluft unbedingt erforderlich. Bei der Planung von Abgasreinigungsanlagen sollte unter vergleichbaren Bedingungen (z.B. Wirkungsgrad, Kosten und Betriebssicherheit) geprüft werden, welche Verfahren oder Verfahrenskombinationen für den jeweiligen Fall am besten geeignet sind. In vielen Fällen ist ein Berater zur Beurteilung der technischen Möglichkeiten und Verfahren heranzuziehen, um auch hinsichtlich der Betriebs- und Investitionskosten die wirtschaftlichste Lösung auswählen zu können.

Als Verfahren zur Reinigung von lösemittelbeladener Abluft sind zu nennen:

- die thermische und katalytische Nachverbrennung,

- die Absorption und Auswaschung aufgrund der Löslichkeit oder chemischen Reaktion,

- die Filterung mit adsorbierenden Medien (Aktivkohle, Molekularsiebe wie Zeolithe) an großen Oberflächen,

- die Kondensation durch Abkühlung bzw. durch Komprimieren und Abkühlen.

Im folgenden werden die genannten Verfahren in einer Übersicht vorgestellt und anhand ausgewählter Beispiele erläutert. Auf die Darstellung der physikalisch-chemischen Grundlagen wurde hierbei besonders Wert gelegt.

### 6.2.1 Kondensationsverfahren

Kühlt man ein Abgas, das kondensierbare Stoffe enthält, bis auf eine Temperatur unterhalb des Taupunktes der abzuscheidenden Stoffe ab, dann fällt solange Kondensat an, bis die Sättigungskonzentration erreicht ist. Verfahrenstechnische Grenzen bewirken jedoch, daß in Abhängigkeit vom Taupunkt hohe Restgehalte an Lösemitteln im Abgas verbleiben können.

Verfahren der Lösemittelrückgewinnung durch Kondensation sind in der Regel Kreislaufverfahren. Das beladene Abgas wird über einen Wärmetauscher dem Kondensator zugeführt, der bei Kondensationstemperatur betrieben wird. In dem Kondensator verflüchtigt sich das verdampfte Lösemittel. Das gereinigte Trägergas wird über den Wärmetauscher dem Prozeß wieder zugeführt. Abbildung 6.1 zeigt schematisch Kondensationsverfahren mit und ohne Kreislaufführung.

Bei diesem Verfahren, das auch als "Ausfrieren" bezeichnet wird, unterscheidet man verschiedene Varianten. Bei der Kondensation durch indirektes Kühlen werden die Lösemittel an Kühlflächen kondensiert, wofür Glattrohr-, Platten- oder Rippenrohrwärmetauscher verwendet werden. Zur Kühlung sind neben Luft- und Wasserkühlungen auch andere Kälteanlagen gebräuchlich. Anschließend wird das Abgas in den Prozeß zurückgeführt oder durch weitere Verfahren (z.B. durch Adsorption) gereinigt.

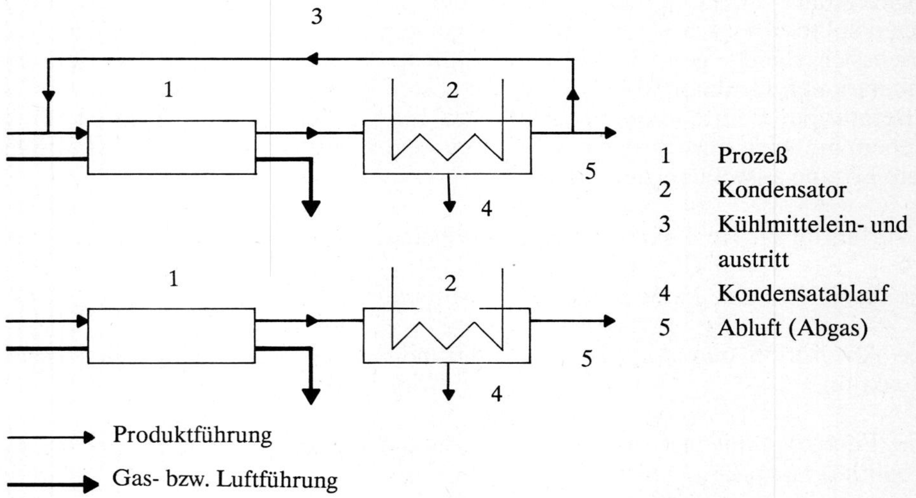


**Abbildung 6.1** Verfahrensschema des Kondensationsverfahrens [6.4]

Bei der Kondensation unter Druck erhöht sich der Abscheidegrad, je weiter das Abgas abgekühlt und komprimiert wird. Hier muß insbesondere auf den Explosionsbereich sowie die zwischenzeitliche Erwärmung des Gases durch Komprimierung geachtet werden. In Gegenwart von Sauerstoff ist das Verfahren meist auf die Kondensation unbrennbarer Lösemittel z.B. Halogenkohlenwasserstoffe beschränkt.

Bei geschlossenen Anlagen kann Stickstoff als Trägergas eingesetzt werden. So wird neben der Vermeidung explosionsfähiger Medien auch eine höhere Lösemittelbeladung im Trägergas erreicht. Für Kondensationsverfahren sind Expansionsturbinen im Einsatz, in denen das verdichtete Prozeßgas entspannt und abgekühlt wird. Dadurch kann ein großer Teil des Lösemittels auskondensieren [6.4].

Hierbei sind verschiedene Randdaten und Besonderheiten zu beachten:

- die Lösemittel werden in ihren chemischen Eigenschaften nicht verändert,

- im Gegensatz zu anderen Verfahren sind hohe Lösemittel-beladungen nicht störend, sondern erwünscht,

- Explosionsrisiken können durch Verwendung von Stickstoff anstelle von Luft als Trägergas im geschlossenen System vermieden werden,

- hinsichtlich der Auslegung einer solchen Anlage sind Trockner im Produktionsprozeß und die Kondensationsanlage voneinander abhängig; beide Anlagen sollten gemeinsam hinsichtlich Wärmebilanz, Lösemittelkonzentration und Taupunkt ausgelegt werden,

- insbesondere der Trockner sollte für einen möglichst niedrigen Stickstoffverbrauch und die Beachtung der Explosionsgrenzen gasdicht ausgelegt werden (Schleusensysteme).

Eine Lösemittelrückgewinnung durch Kondensation wird bisher in folgenden Bereichen angewendet: Lösemitteldurchsatz ab 50 kg/h, Kondensationstemperaturen bis zu -140 °C, Lösemittelkonzentration von 50 bis 300 $g/m^3$. Kondensationsverfahren in Kombination mit nachgeschalteten Reinigungsverfahren werden z.B. für die Vorabscheidung von Tri- und Perchlorethylen, Fluorkohlenwasserstoffen oder Dichlormethan eingesetzt.

Sie sind vorteilhaft gegenüber anderen Verfahren der Lösemittelrückgewinnung, wenn Lösemittelgemische im Trocknungsprozeß verdampft werden. Als alleiniges Verfahren für die Abgasreinigung kommt die Kondensation nur unter bestimmten Bedingungen in Frage. Generell sind Kondensationssysteme nur bei geschlossenen und gekapselten Anlagen wirksam und wirtschaftlich. Hierbei muß es der Dampfdruck des Lösemittels zulassen, daß noch bei wirtschaftlich vertretbaren Temperaturen die geforderten Restkonzentrationen eingehalten werden können. Deshalb werden Kondensationsverfahren für stark beladene Abluft als Vorreinigungsschritt angewendet.

An dieser Stelle soll ein exemplarisches Beispiel zur Berechnung der spezifischen Anlagenkosten für eine Kondensationsanlage vorgestellt werden. Bei einem geschlossenen Kreislaufverfahren für Benzine im Siedebereich zwischen 80 und 110 °C wird eine Anlage mit einer Füllmenge von 60 $m^3$ Stickstoff als Inertgas ausgelegt, diese Menge wird etwa 60-mal in der Stunde umgewälzt. Pro Stunde können dabei ca. 360 kg Lösemittelgemisch zurückgewonnen werden, der Rückgewinnungsgrad liegt bei 98 %.

Die Kosten:Investitionskosten für eine komplette Anlage belaufen sich auf etwa 1.350.000 DM. Unter Einbeziehung der Betriebs-, Reparatur-, Personal- und Kapitalkosten ergeben sich pro Betriebsstunde Kosten von ca. 120 DM. Für das zurückgewonnene Lösemittel liegen die Kosten bei etwa 40 Pfennig je kg Lösemittel [6.4].

Im allgemeinen sind die Investitionskosten für solche Anlagen im Vergleich zu anderen Abluftreinigungsanlagen höher, die Betriebskosten können aber wesentlich niedriger liegen.

### 6.2.2 Absorptionsverfahren

Die Konzentration organischer Verbindungen kann im Abgas durch Waschen mit einem Absorptionsmittel vermindert werden. Die physikalische Absorption zeichnet sich durch verfahrenstechnische Einfachheit aus. Für die Abgasreinigung ist dieses Verfahren aber nur bei bestimmten Stoffen einsetzbar. Der Absorptionsvorgang ist abhängig vom Stoffaustausch zwischen gasförmiger und flüssiger Phase. Er ist eine Funktion der Konzentrationsgradienten, der Austauschfläche, der Diffusion, der Konvektion und der Reaktionsgeschwindigkeit [6.10].

Zur Absorption werden Waschflüssigkeiten verwendet, die nicht oder in zu vernachlässigendem Maße mit den organischen Verbindungen chemisch reagieren. Hierzu werden Absorptionsanlagen mit anorganischen, d.h. wässrigen oder organischen Waschlösungen eingesetzt. Als Waschflüssigkeit dient zumeist Wasser. Die ausgewaschenen Flüssigkeiten reichern sich an und können zurückgewonnen werden. Die Beladung der Waschflüssigkeit, d.h. die maximale Aufnahmefähigkeit bis zur Aufbereitung, kann Tabellen entnommen, oder muß durch Versuche ermittelt werden [6.4].

Mit diesen Verfahren können wasserlösliche organische Lösemittel wie Methanol, Ethanol, Aceton, Glykole, Essigsäure usw. aus dem Abgas ausgewaschen werden. Wenn organische Waschflüssigkeiten eingesetzt werden, so ist zu beachten, daß - entsprechend dem Dampfdruck und der Temperatur der Flüssigkeit - Waschflüssigkeitsdämpfe im Abgas mitgerissen werden können. Unter Umständen kann deshalb eine Nachreinigung notwendig sein, dies muß jedoch im Einzelfall geprüft werden. Für die beim Regenerationsprozeß entstehende Abluft sind ebenfalls Abgasreinigungsverfahren vorzusehen.

Die Abbildung 6.2 zeigt ein Schema zu einem Absorptionsverfahren mit umlaufender Waschflüssigkeit und Rückgewinnung organischer Stoffe. Abgas und Waschflüssigkeit werden hierbei in einem Waschturm im Gegenstrom geführt.

Der Wirkungsgrad des Absorbers muß um so besser sein, je höher der geforderte Auswaschungsgrad und je geringer der Absorbensdurchsatz im Verhältnis zum Gasdurchsatz ist [6.4].

Die Waschwirkung richtet sich danach, wie gut der Stoffübergang durch Einbauten im Wäscher oder Füllkörper, durch Verdüsung der Waschflüssigkeit in Venturi- oder Düsenwäschern oder andere Verfahren verbessert werden kann Bei Kolonnen können geringe Restgehalte im Abgas manchmal nur mit aufwendigen Mitteln erreicht werden, wie z.B. durch große Bodenzahl und hohe Türme oder große Waschflüssigkeitsmengen.

Die Aufarbeitung der Absorbate ist als integrierter Bestandteil des Verfahrens zu betrachten. Man unterscheidet je nach anschließender Aufbereitung des Absorptionsmediums bei den Absorptionsverfahren die biologischen und die chemischen Verfahren.

Bei biologischen Verfahren, auch "Biowäscher" genannt, werden die absorbierten Substanzen von suspendierten Mikroorganismen im Stoffwechselprozeß abgebaut. Hierbei ist zu beachten, daß dafür ausreichend Anlagenkapazität zur Verfügung steht, da der Abbau relativ langsam erfolgt.

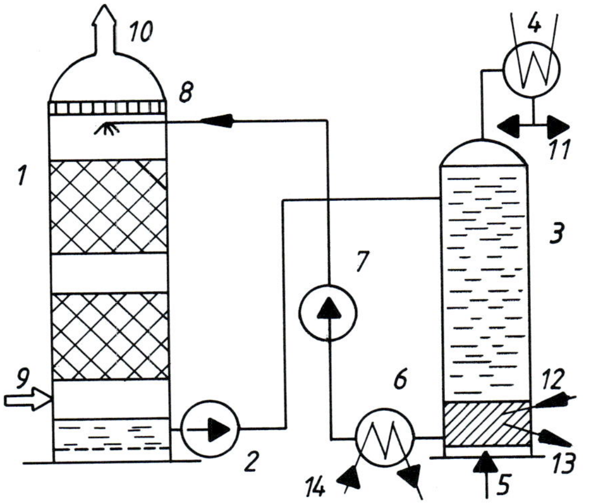


1 Absorber (Waschturm)
2 Pumpe für beladene Waschflüssigkeit
3 Destillationskolonne
4 Kondensator-Kühler für Kopfprodukt
5 Erhitzer (Reboiler)
6 Sumpfprodukt-Kühler
7 Pumpe für regenerierte Waschflüssigkeit
8 Tropfenabscheider
9 Rohgas
10 Reingas
11 Rückgewinnungsprodukt
12 Dampf
13 Kondensat
14 Kühlwasser

**Abbildung 6.2** Verfahrensschema einer Absorptionsanlage [6.4]

Zur "Versorgung" der Mikroorganismen ist ein günstiges Kohlenstoff/Phosphor/Stickstoff-Verhältnis notwendig, das u.U. durch eine entsprechende Nährsalzlösung ergänzt werden muß. Die biologischen Verfahren können selbstverständlich nur für biologisch abbaubaren Substanzen mit ausreichender Wasserlöslichkeit (z.B. Phenole, Fettsäuren, Alkohole etc.) eingesetzt werden.

In chemischen Absorptionsverfahren werden bei der Absorption schwerflüchtige Verbindungen gebildet. Die absorbierten Substanzen müssen ausreichend reaktionsfähig sein. Hierbei ist vorteilhaft, daß mit diesem Verfahren sehr niedrige Abgaskonzentrationen erreicht werden können.

Als Nachteil muß jedoch angeführt werden, daß sich die Waschflüssigkeit in vielen Fällen nicht mehr regenerieren läßt. Das Absorptionsmittel wird ständig im Kreislauf gepumpt und die abgezogene Menge durch frisches Medium ersetzt.

Mit alkalischen Lösungen können so z.B. saure Komponenten wie organische Säuren, mit sauren Lösungen basische Abgaskomponenten wie Amine ausgewaschen werden. Ist eine Aufbereitung möglich, so kann die angereicherte Waschflüssigkeit regeneriert werden, indem die ausgewaschenen Stoffe durch Strippen (Ausblasen mit Wasserdampf), oder durch Destillation entfernt werden. Diese Trennung erfolgt ebenfalls in Kolonnen bei höherer Temperatur als der Waschtemperatur. Die Waschflüssigkeit wird je nach Siedepunkt im Kolonnensumpf oder im Kopfprodukt abgezogen und kann wieder eingesetzt werden.

### 6.2.3 Adsorptionsverfahren

Hier wird die Größe der inneren Oberfläche der Adsorbermedien ausgenutzt, an denen sich organische Verbindungen durch physikalische Adsorption, Kapillarkondensation oder Chemisorption anreichern. Die Adsorption ist abhängig von molarer Masse, Konzentration und Siedepunkt des adsorbierten Stoffes und von Druck und Temperatur.

Das Adsorptionsverfahren wird zum Entfernen organischer Verbindungen aus dem Abgas eingesetzt. Hierbei liegt das Adsorbens (Aktivkohle, Zeolithe, etc.) auf Lochblechen oder Sieben in Adsorptionsbehältern, durch die das zu reinigende Abgas mit einem Gebläse gefördert wird. Das Abgas wird durch diskontinuierliche Festbetten, kontinuierliche Wirbelschichtbetten oder Wanderbetten geführt. Aufgrund der erforderlichen Regeneration werden Adsorber parallel oder hintereinandergeschaltet betrieben. Einbettanlagen kommen vorwiegend beim Einschichtbetrieb der Produktionsanlage zum Einsatz. Die Regeneration erfolgt in der Freischicht. Abbildung 6.3 zeigt ein Schema einer Adsorptionsanlage.

Zweibettn- und Mehrbettanlagen sind für den kontinuierlichen Betrieb ausgelegt. Zwillingsanlagen arbeiten mit zwei Adsorbern, wobei jeweils ein Adsorber die Abluft reinigt und der andere regeneriert wird.

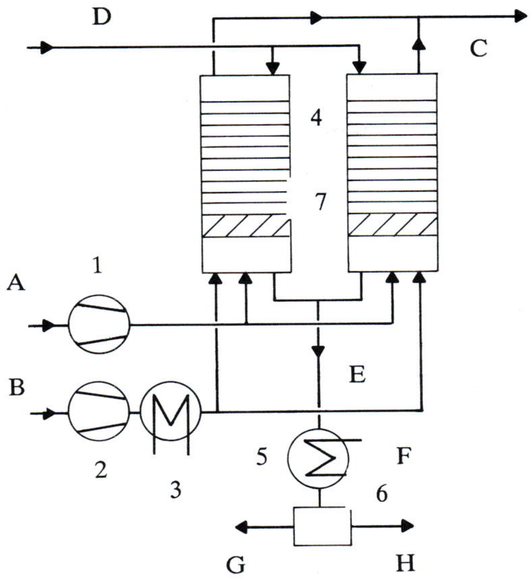


A ungereinigtes Abgas
B Frischluft
C gereinigtes Abgas
D Wasserdampf-Eintritt
E Destillation
F Kühlwasser
G Kondensationswasser-Austritt
H Lösemittel-Austritt

1,2 Ansauggebläse
3 Lufterhitzer
4 Adsorber
5 Kondensator
6 Abscheider
7 Wärmespeicher

**Abblidung 6.3** Verfahrensschema einer Adsorptionsanlage [6.4]

Bei Änderung der Betriebsverhältnisse muß durch entsprechende Maßnahmen geprüft werden, auf welchen Adsorptionszyklus (Adsorptions- und Desorptionszeiten) der Adsorber einzustellen ist oder ob die Adsorptionsanlage vergrößert werden muß.

Als Adsorptionsmittel wird neben Aktivkohle, Braunkohlenschwelkoks, Kieselgel, Aluminiumoxid, Aktivtonerden (poröse Formen von Aluminiumoxid) oder Molekularsiebe aus Zeolithen (natürliche oder synthetische, hydratisierte Alumosilikate) fast ausschließlich Aktivkohle eingesetzt.

Die Bezeichnung Aktivkohle gilt für eine Stoffklasse von hydrophoben Adsorbentien mit großer Variationsbreite in Porosität, Adsorptionsporenvolumen und spezifischer Oberfläche. Charakteristisch für Aktivkohle sind Volumina um 25 $cm^3$/100 g und eine spezifische Oberfläche von über 1000 $m^2$/g. Im Gegensatz dazu hat Braunkohlenkoks eine spezifische Oberfläche um 275 $m^2$/g. Bei diesen Angaben ist zu beachten, daß die spezifische Oberfläche nicht vollständig nutzbar ist [6.9].

Die Beladung endet, wenn die Adsorptionskapazität der Aktivkohle so weit erschöpft ist, daß auf der Reingasseite die Konzentration luftverunreinigender Stoffe über das zulässige Maß steigt (Durchbruch). Aktivkohlen sind speziell für den jeweiligen Anwendungsfall je nach Eigenschaften des Lösemittels erhältlich. Durch Aktivierung mit Wasserdampf können unterschiedliche Porenstrukturen erzeugt werden.

Die Adsorptionskapazität der Aktivkohle liegt (je nach Temperatur, Aktivkohletyp, Eingangskonzentration etc.) für Tetrachlorethan bei ca. 20 Gew.-%, für Trichlorethylen bei ca. 15 Gew.-%, für 1.1.1.-Trichlorethan bei ca. 12 Gew.-% und für Dichlormethan bei etwa 8 Gew.-% [6.7].

Adsorptionsanlagen werden selten mit sog. Wegwerfkohle ("Einmal-Adsorbens") betrieben. Neben Aktivkohle kann auch Braunkohlenschwelkoks oder Herdofenkoks eingesetzt werden. Diese sind im Gegensatz zur Aktivkohle deutlich preiswerter; die Kosten für Aktivkohle zur Verwendung im Großanlagenbau betragen etwa 3.500 bis 4.000 DM je Tonne, die Kosten für Braunkohlenschwelkoks belaufen sich auf 250 bis 800 DM je Tonne. Braunkohlenschwelkoks hat eine geringere Oberfläche und durch die feinere Kornstruktur einen größeren Druckverlust. Anstelle einer Regeneration kann dieser Koks als Abfall oder durch Verbrennung (in Kraftwerken oder Müllverbrennungsanlagen) entsorgt werden. Durch Verbrennung kann der energetische Gehalt der Kohle ausgenutzt werden. Der Preis für diesen Koks hängt daher im günstigsten Fall mit seinem Heizwert zusammen.

Molekularsiebanlagen sind gegenwärtig noch wenig erprobt. Molekularsiebe bestehen z.B. aus Natrium-Aluminium-Silikaten. Sie haben ein selektives Adsorptionsverhalten, ihre chemische Zusammensetzung und die Porenstruktur können auf den jeweiligen Anwendungsfall ausgelegt werden. Probleme bereitet insbesondere die mitgerissene Luftfeuchtigkeit, da das abgeschiedene Wasser das Molekularsieb belegt und so die Standzeit verringert.

Die verwendeten Anlagen müssen daher im Kreislaufverfahren in einer gekapselten Anlage betrieben werden, um Probleme mit der Luftfeuchtigkeit zu vermeiden. Zur Vermeidung der Anlagerung von Wasserdampf können hydrophobe Harze eingesetzt werden. Die Desorption kann thermisch mit Heißluft erfolgen, da Molekularsiebe unbrennbar und äußerst resistent sind. Vorteilhaft ist hierbei, daß die Stabilisatoren im Lösemittel nicht ausgewaschen werden und ein wasserfreies Lösemittel zurückgewonnen werden kann [6.2].

Das Adsorptionsverfahren kann in den meisten Fällen zur Rückgewinnung genutzt werden, insbesondere dann, wenn Aktivkohle eingesetzt wird. Beim Festbettverfahren erfolgt die Regeneration mit Wasserdampf entgegen der Beladungsrichtung. Der Wasserdampf erwärmt hierbei das Adsorbens auf etwa 100 °C und verdrängt die adsorbierten organischen Stoffe. Der Dampf für die Desorption wird durch eine in die Adsorptionsanlage integrierte Dampferzeugung gewonnen oder einer Betriebsdampfleitung entnommen.

Vor erneutem Einsatz muß das Adsorbens wieder getrocknet und gekühlt werden. Das Lösemittel-Dampf-Gemisch wird anschließend an einem Kondensator niedergeschlagen. Die Trennung erfolgt aufgrund unterschiedlicher Dichten, wenn das Lösemittel im Wasser unlöslich ist, oder über eine Rektifizierkolonne bei vollkommener oder teilweiser Mischbarkeit des Lösemittels in Wasser. Bei der Desorption wird nach einer Aufheizphase von 5 bis 10 Minuten etwa 45 bis 60 Minuten regeneriert und anschließend 30 Minuten getrocknet und gekühlt. Die gesamte Zykluszeit beträgt ca. 2 Stunden. Bei einer Zwillingsanlage muß die Standzeit der Adsorber deshalb größer als diese 2 Stunden sein.

Bei der Dampfdesorption aus Aktivkohle können Stabilisatorverluste im Lösemittel auftreten (nach der Rückgewinnung müssen wiederum Stabilisatoren zugeführt werden), anfallendes Kontaktwasser muß gereinigt werden und in der Anlage kann Korrosion auftreten. Ebenso kann beim Übergang zwischen Aktivkohlematerial und dem verwendeten Stahlwerkstoff durch elektrochemische Spannung Korrosion entstehen, da der normalerweise im Anlagenbau verwendete Stahl nicht korrosionsfest ist.
Durch die katalytische Wirkung der Aktivkohleoberfläche kann aus halogenhaltigen Lösemitteln Salzsäure abgespalten werden. Die Chlorwasserstoffbildung steigt in der Reihenfolge Perchlorethylen, Trichlorethylen, 1.1.1.-Trichlorethan und Dichlormethan an. Das Desorbat muß deshalb neutralisiert werden. Es ist zu prüfen, ob die beim Desorptionsprozeß zurückgewonnenen Lösemittel sofort ohne Behandlung wieder eingesetzt werden können oder aufwendig aufbereitet werden müssen. In den meisten Fällen ist ein Zusatz von Stabilisatoren erforderlich.

Wenn im Abgas Beimengen enthalten sind, die die Poren z.B. von Aktivkohle belegen, so kann eine Vorreinigung, die Entfernung von Harzen oder eine Staubabscheidung erforderlich sein [6.7].

In vielen Fällen kann neben der Adsorption auch die Chemisorption durchgeführt werden. Die Aktivkohle wird dazu entsprechend imprägniert und muß nach jeder Regeneration neu behandelt werden. Mit diesem Imprägnierungsverfahren können bevorzugt Amine, Säuren oder Mercaptane entfernt werden.

Als Beispiel für die Entfernung von Lösemitteln durch Adsorption lassen sich eine ganze Reihe von Industriezweigen anführen. Adsorptionsverfahren werden in der Papier- und Druckindustrie, Lackier- und Verpackungsindustrie, Kunstfaserindustrie, Folienindustrie etc. erfolgreich eingesetzt. Mit dem Wert der rückgewonnenen Lösemittel können die Anlagen in bestimmten Anwendungsbereichen gewinnbringend betrieben werden.

Für die Kostenberechnung soll hier als Beispiel eine Aktivkohleanlage zur Entfernung des Lösemittels Toluoleiner Tiefdruckerei dienen. Bei einer Abluftkonzentration von mehreren Gramm je Kubikmeter lassen sich Restkonzentrationen unter den geltenden Grenzwerten erreichen. Die Kosten für bestimmte Anlagentypen können teilweise auch aus Diagrammen entnommen werden, die in einschlägigen Richtlinien enthalten sind [6.4].

Ein weiteres Beispiel ist die Abluftreinigung für eine Etikettiermaschine. Bei der betrachteten Produktionsanlage werden Etiketten auf Kassetten oder andere Produkte aufgebracht, indem die Oberfläche mit 1.1.1.-Trichlorethan angelöst wird und anschließend eine verschweißte Verbindung zwischen den Materialien gebildet wird. Bei einem Abluftvolumenstrom von 300 $m^3/h$ und einer Lösemittel-Konzentration von knapp 9 $g/m^3$ bei einer Temperatur von 25 °C wurde eine automatisch gesteuerte Zwillingsanlage mit den folgenden Spezifikationen ausgewählt (beispielhaft für eine Reihe von Serienanlagen):

| | | |
|---|---|---|
| - Aktivkohleinhalt je Adsorptionsbehälter: | 85,0 | kg |
| - Filteranströmfläche: | 0,3 | $m^2$ |
| - Strömungsgeschwindigkeit im Aktivkohlebett: | 0,3 | m/s |
| - Kontaktzeit der Prozeßluft im Aktivkohlebett: | 2,3 | s |

Nimmt man eine maximale Beladung der Aktivkohle mit ca. 15 % an, so ergibt sich eine Standzeit der Anlage zwischen 5 und 6 Stunden.
Eine solche Anlage, einschließlich der beiden Adsorptionsbehälter, Aktivkohlefüllungen, Gebläse, Wärmetauscher und Steuerung kostet in der einfachsten Ausführung etwa 50.000 DM. Die Investitionskosten für die benötigte Kontaktwasserreinigungsanlage betragen zusätzlich etwa 15.000 DM. Andere Hersteller bieten vergleichbare Anlagen auch für 100.000 bis 130.000 DM an.

Eine Anlage, in der die Desorption mit Heißluft vorgenommen wird, kostet etwa 200.000 DM. Hier muß anhand der Standzeit der Anlagen festgestellt werden, welche der für den entsprechenden Anwendungsfall zur Verfügung stehenden Alternativen langfristig kostengünstiger ist. Aus diesem Beispiel ist ersichtlich, daß es lohnend sein kann, Marktrecherchen durchzuführen. Gerade für die technische Prüfung der angebotenen Anlagen sollten Fachleute herangezogen werden.

### 6.2.4 Thermische und katalytische Nachverbrennung

Verbrennungsverfahren werden vornehmlich dann eingesetzt, wenn organische Verbindungen vorliegen, deren Entfernung durch Adsorptions- oder Absorptionsverfahren mit Schwierigkeiten verbunden ist. Man unterscheidet hier zwischen thermischer und katalytischer Nachverbrennung.

Bei der thermischen Nachverbrennung werden die im Abgas enthaltenen organischen Stoffe meist unter Zugabe von Stützbrennstoffen bei Temperaturen zwischen 800 und 1000 °C in einer Brennkammer zu Kohlendioxid und Wasser oxidiert. Wenn der Heizwert und die Konzentration der zu verbrennenden Substanzen im Abgas niedrig sind, so kann der sehr hoher Energieverbrauch für die Stützfeuerung hohe Kosten verursachen. Eventuell können diese Stoffe in anderen Verbrennungsanlagen entsorgt werden.

Das mit Lösemitteln beladene Abgas wird in der Regel zuerst über Wärmetauscher mit den Verbrennungsgasen vorgewärmt. In der Brennkammer, in der die Temperatur durch Zufuhr von Stützbrennstoff geregelt wird, oxidieren die organischen Verbindungen [6.4]. Für die zur Verbrennung notwendige Sauerstoffversorgung kann Frischluft aus der Umgebung oder aber bei ausreichendem Sauerstoffgehalt ganz oder teilweise Rohgas verwendet werden. Oft ist bei diesem Prozeß eine Wärmerückgewinnung sinnvoll.

Abbildung 6.4 zeigt den schematischen Aufbau einer thermischen Nachverbrennung.

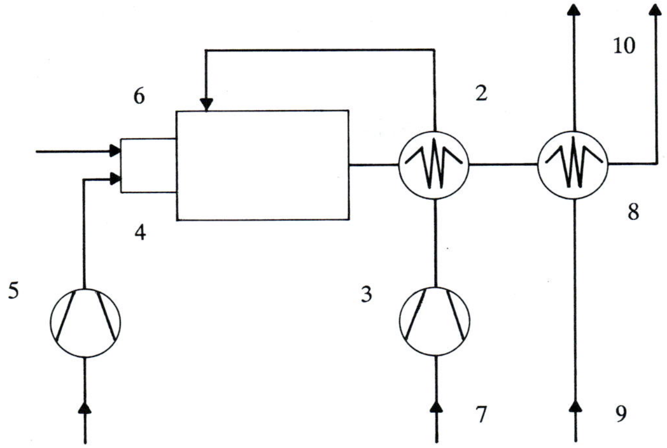


1 Brennkammer
2 Abgas-Vorwärmer
3 Abgasgebläse
4 Brenner
5 Luftgebläse
6 Brennstoff
7 Rohgas
8 zusätzliche Wärmerückgewinnung
9 Wärmeträger
10 Verbrennungsabgas

**Abbildung 6.4** Verfahrensschema einer thermischen Nachverbrennung [6.4]

Für die Ausbrandqualität, die den Grad der Emissionsminderung bestimmt, sind neben der Verbrennungstemperatur auch die Verweilzeit, die Mischung der Reaktionspartner, der Sauerstoffgehalt, die Konzentration und Art der Schadstoffe und die Strömungsart und -führung entscheidend.

Es ist zu prüfen, ob bei der Verbrennung zusätzliche Emissionen auftreten können. In vielen Fällen ist dann eine weitergehende Abgasreinigung (z.B. eine chemische Abgaswäsche) erforderlich. Je nach eingesetztem Stützbrennstoff werden Schwefeldioxid, je nach Feuerungsführung Stickstoffoxide und Kohlenmonoxid in unterschiedlichen Mengen emittiert. Zusätzlich können organische Komponenten durch Teiloxidationen entstehen; eine unvollständige Verbrennung führt z.B. zur Bildung von Crackprodukten.

Wenn in den verbrannten organischen Verbindungen weitere Elemente enthalten sind, so treten Verbindungen von Halogenen, Phosphor, Metallen, Stickstoff, Schwefel usw. auf. Bei der Verbrennung von FCKW werden HCl und HF freigesetzt, so daß hierbei Korrosionsprobleme in der Anlage auftreten. Außerdem ist eine wirksame Rauchgasreinigung zur Abscheidung der sauren Komponenten erforderlich.

Aufgrund o.g. Emissionsprobleme wird das Verfahren der thermischen Nachverbrennung meist für Substanzen wie geruchsintensive Stoffe, Kohlenwasserstoffe, Teerdämpfe und ähnliches eingesetzt. Die Minderungsleistungen liegen meist im Bereich von 95 und über 99 %.

Bei der katalytischen Nachverbrennung wird im Gegensatz zur thermischen Nachverbrennung die Oxidation der organischen Stoffe an Katalysatoren bei Temperaturen zwischen 300 °C und 500 °C durchgeführt. Die durch diese Temperaturdifferenz (katalytische im Vergleich zur thermischen Nachverbrennung) möglichen Energieeinsparungen sind beträchtlich. Die Wirkung der Katalysatoren beruht auf einer Verringerung der Aktivierungsenergie und einer

Erhöhung der Reaktionsgeschwindigkeit. In Einzelfällen muß die Verbrennung sogar gesteuert werden, damit der bei der Reaktion entstehende Energieüberschuß kontrolliert abgeführt werden kann. Der Schadstoffumsatz ist im wesentlichen von der Reaktionstemperatur und der Strömungsgeschwindigkeit abhängig.

Als Katalysatoren werden Edelmetalle (Palladium, Platin) auf anorganischen, oxidischen oder metallischen Trägern oder Metalloxide auf anorganischen Trägern eingesetzt. Neben der natürlichen Alterung der Katalysatormaterialien und der Bildung von Ablagerungen aus Reaktionsprodukten kann durch Verunreinigungen im Abgas eine Vergiftung der Edelmetalle auftreten. Zu den Katalysatorgiften zählen Silicium, Phosphor, Arsen, Blei, Schwefel und andere Stoffe, die zuvor aus dem Abgas entfernt werden sollten [6.4].

Als Beispiel soll hier eine Anlage zur katalytischen Abgasreinigung an einem Lackeinbrennofen dienen [6.8]. Zur Herstellung z.B. von Wicklungen elektrischer Motoren werden Drähte verwendet, die mit speziellen Isolierlacken beschichtet sind. Der Massenanteil der Lösemittel im Lack liegt bei 60 bis 80 %. Hauptbestandteile des Rohgases sind Kresole und Phenole, die geruchsintensiv sind. Die freigesetzten Dämpfe werden durch ein Gebläse dem Katalysator zur Verbrennung zugeführt. Der größte Teil der Luft wird als Umluft geführt. Ein zweiter Katalysator ist erforderlich, um einen hohen Reinigungsgrad zu gewährleisten. Für ausreichende Umsatzraten beträgt das Katalysatorvolumen 5 Liter, die Katalysatoreintrittstemperatur und -austrittstemperatur liegen bei mindestens 340 °C.

### 6.2.5 Verfahrenskombinationen und Beispiele für ausgewählte Lösemittel

In vielen Fällen können Verfahrenskombinationen sinnvoll sein. So kann bei Absorptionsanlagen zum Auffangen der entstehenden organischen Dämpfe eine Adsorptionsanlage nachgeschaltet werden. Organische Waschmedien sind auch geeignet, Beimengungen zu entfernen, die Verharzung oder Verschmutzung der Adsorbentien hervorrufen.

Thermische Nachverbrennung und Adsorptionsverfahren können sinnvoll kombiniert werden, wenn mit Adsorptionsverfahren eine Aufkonzentrierung der Lösemittel durchgeführt wird. Bei der anschließenden Desorption ist eine Verbrennung des Lösemittels möglich. Das zu reinigende Gasvolumen kann hierbei wesentlich verringert werden [6.4].

Eine weitere Verfahrenskombination wird oftmals in Chemischreinigungen angewendet. Verschmutzte Kleidungsstücke oder Textilien werden in Reinigungstrommeln meist mit Perchlorethylen (Tetra- oder Tetrachlorethylen) gereinigt. Zum Schutz der Kleidung werden Wasser, Reinigungsverstärker auf Seifenbasis, Imprägniermittel, Weichmacher und andere Substanzen zugesetzt.

Die entstehende Waschflüssigkeit wird in eine Destillationsblase geleitet und das Perchlorethylen zur erneuten Verwendung abdestilliert; zum Abtrennen wird ein Kondensationsverfahren eingesetzt.

Die nach dem Destillieren verbleibende Flüssigkeit wird in einer Kontaktwasserreinigungsanlage aufbereitet oder als Sonderabfall entsorgt. Bei der Destillation und dem Öffnen der Maschinen entstehende Abluft wird im einfachsten Fall zuerst in eine mit Leitungswasser gekühlte Kühlstrecke geleitet, es können jedoch auch Kühlmaschinen eingesetzt werden. Anschließend wird die durch Kondensation so vorgereinigte Abluft in die Reinigungsanlage zurückgeführt oder in einer Aktivkohleanlage von restlichen Lösemitteln gereinigt und abgeleitet. Die Aktivkohle wird in bestimmten Abständen mit Wasserdampf regeneriert (wiederum Reinigung über die Kontaktwasserreinigungsanlage).

**Tabelle 6.1** Abgasreinigungsverfahren spezieller Lösemittel

| Lösemittel | Siedetemperatur (°C) | Verfahren |
|---|---|---|
| Aceton | 56 | Adsorption |
| Benzin | je nach Substanz | Adsorption |
| Benzol | 80 | Adsorption |
| Cyclohexan | 81 | Adsorption |
| Ethanol | 78 | Biowäscher<br>Adsorption |
| Methanol | 65 | Adsorption<br>Absorption in Wasser |
| Tetrachlorethylen | 121 | Adsorption |
| 1.1.1-Trichlorethan | 74 | Adsorption |
| Trichlorethylen | 87 | Adsorption |
| Xylol | 140 | Biowäscher<br>Adsorption |

Welche Verfahren oder Verfahrenskombinationen im Einzelfall gewählt werden, hängt von den zu entfernenden Lösemitteln, FCKWs oder CKWs und den Besonderheiten und Spezifikationen des passenden Verfahrens ab. An dieser Stelle soll mit Tabelle 6.1 exemplarisch auf einige Stoffe und die anzuwendenden Verfahren verwiesen werden.

## 6.3 Ableitung der Abgase

Die gereinigten Abgase sind so durch eine Abgasleitung zu leiten, daß bei einem Abtransport mit der freien Luftströmung keine schädlichen Umwelteinwirkungen zu befürchten sind. Das gereinigte Abgas sollte durch eine Abgasleitung über Dach mit folgenden Mindestbedingungen abgeleitet werden [6.7]:

- 2 m über First eines Giebeldaches,
- 5 m über Flachdächern,
- 5 m über Firsthöhe der Wohngebäude im Umkreis,
- insgesamt mindestens 10 m über dem Erdboden.

Zur besseren Verteilung ist eine Austrittsgeschwindigkeit von 7 m/s senkrecht nach oben notwendig. Hierzu muß das Gebläse entsprechend ausgelegt werden. Erforderlichenfalls ist die Schornsteinhöhe nach den gesetzlichen Bestimmungen zu berechnen, um die Einhaltung von Immissionswerten sicherzustellen. Bei ungünstigen topographischen Verhältnissen oder für die Ausbreitung ungünstigen Bebauungsgegebenheiten sind zum Schutze der Nachbarschaft die Bedingungen entsprechend zu ändern [6.7].

## 6.4 Schlußbemerkungen

Diese Ausführungen sollen deutlich machen, daß sich, bei genauer Kenntnis der Sachlage, für die meisten Anwendungsfälle optimal angepaßte Lösungen finden lassen. Eingestreute Praxisbeispiele können dies unterstreichen.

Mit Hilfe eigener Initiative und/oder unter Mitarbeit von Beratern können die Kosten für eine erforderliche Abluftreinigung gering gehalten werden; in einigen Fällen ist zudem ein wirtschaftlicher Betrieb von Abluftreinigungsanlagen möglich. So lassen sich bei Beachtung der technischen Randbedingungen und Grundlagen des in den Produktionsprozeß integrierten Umweltschutzes Ökonomie und Ökologie zusammenfügen.

# 7 Anlagenoptimierung und Emissionsminderungsmaßnahmen - ein Praxisbeispiel -

Dipl.-Ing. K. Geisthardt

Die chemische Industrie verursachte 1982 ca. 50.000 t Lösemittelemissionen. Dies entsprach einem Anteil von 3,1 % der gesamten Kohlenwasserstoffemissionen in der BRD.

Spätestens seit Inkrafttreten der neuen TA-Luft (1.3.86) sind die Betreiber von lösemittelemittierenden Anlagen verpflichtet, bestimmte Massen- oder Konzentrationsgrenzwerte in der Abluft einzuhalten.

## 7.1 Die besondere Situation in der Pharma-Industrie

Prozesse, bei denen Kohlenwasserstoffe für die chemischen Umsetzungen, zum Lösen oder zum Suspendieren von Substanzen eingesetzt werden, sind bei den Pharma-Produktionen die Regel. An vielen Stellen, an denen Lösemittel eingesetzt werden, treten Abluftströme auf. Je nach Arbeitsweise und apparativer Bestückung können die Emissionen der Apparate- oder der Raumabluft (inkl. Schwerpunktabsaugung) zugeordnet werden.

Apparateabluft entweicht z.B. über eine Rohrleitung aus einem ansonsten geschlossenen System. In der Regel sind die Lösemittelkonzentrationen relativ hoch (bis zur Sättigung), die emittierten Gasvolumen gering ($< 50\ m^3$) und der Volumenstrom entsprechend der Batch-Fahrweise stark schwankend (0 bis $200\ m^3/h$).

Die Raumabluft aus den Fabrikhallen wird abgesaugt. Die konstanten Volumenströme sind ca. drei 10er Potenzen größer als die der Apparateabluft. Die Lösemittelkonzentrationen dagegen sind sehr viel geringer ($\leq$ MAK-Wert). Durch Umfüllvorgänge, Arbeiten an offenen Apparaten und Behältern oder Undichtigkeiten gelangen die Lösemittel in den Raum.

## 7.2 Primärmaßnahmen zur Abluftreinigung

Bei großen, mit Lösemitteln verunreinigten Luftmengen - also bei Raumabluft - muß der Lösemitteleintrag durch Primärmaßnahmen vermindert bzw. ganz vermieden werden. Denn bei geringer Konzentration (Beispiel Folienveredelung: 7g/m$^3$) kommt man schnell an Grenzen, an denen die Abluftreinigung ökologisch und ökonomisch unsinnig ist. Durch den Betrieb einer Reinigungsanlage würde die Umwelt mehr belastet, als die Entfernung der Schadstoffe ihr nützen würde.

Solche Primärmaßnahmen können z.B. die Änderung einer Herstellungsvorschrift oder die Anschaffung moderner Apparate sein.

Die Vermeidungsstrategie geht soweit, daß nicht nur das lösemittelhaltige Produkt in einem geschlossenen Apparat hergestellt wird, sondern auch der Verfahrensablauf und Maschinenpark so zu gestalten sind, daß die Übergänge von einem Herstellungsschritt/Apparat in den nächsten ohne Atmosphärenkontakt vor sich gehen. Gerade letzteres ist bei universell einsetzbaren Einzelaggregaten mit täglich wechselnden Produkten und Batch-Fahrweise praktisch nur schwer realisierbar. Trotzdem wird mit jeder Neuinvestition die Entwicklung auf diesem Gebiet vorangetrieben, so daß die Emission in den Raum beim offenen Handhaben lösemittelfeuchter Produkte ständig verringert wird. Auf diese Weise ist es möglich, die Raumemissionen soweit zu reduzieren, daß eine Abluftreinigung nicht mehr erforderlich ist.

## 7.3 Randbedingungen für eine Abluftreinigungsanlage einer Pharma-Produktionsstätte im Stadtgebiet von Berlin

Lösemittelemissionen in der Apparateabluft sind an vielen Stellen unvermeidbar. Im Gegensatz zur Raumabluft ist die Apparateabluft einer Reinigung zu unterziehen.

Unabhängig vom zu wählenden Reinigungsverfahren muß einer Abluftreinigungsanlage ein Abluftsammelsystem vorgeschaltet werden, das die vielen Entlüftungsleitungen aller emittierenden Apparate gefahrlos vereinigt und der Reinigungseinheit zuführt.

Ein Bauplatz für eine große zentrale Anlage steht meist nicht zur Verfügung. Auch ist in dem "gewachsenen" Betrieb kein Platz für kleinere dezentrale Anlagen.

Durch die Batch-Fahrweise kommt es zu stark schwankenden Abluftströmen und Lösemittelkonzentrationen. Die Lösemittelverwendung umfaßt eine große Produkt-Palette.

**Auswahl eines Verfahrens**

Zunächst war die Frage zu beantworten, welches der nachstehend aufgeführten Abluftreinigungsverfahren die oben genannten Randbedingungen mit dem geringsten finanziellen Aufwand und gleichzeitig großer Anlagen- und Betriebssicherheit gewährleistet.

Untersucht wurden folgende Verfahren:

- Absorption

- Adsorption
  · an Aktivkohle / Molekularsieben
  · diskontinuierlich / kontinuierlich

- Biofilter und Biowäscher

- Kondensation
  · direkt / indirekt

- Membran-Permeation

- Verbrennung
  · katalytisch
  · thermisch

Der Vergleich endete zugunsten der Absorption. Ausschlaggebend waren die erfolgreichen Waschversuche mit einem Polyethylen-glykol-dimethyl-ether als Absorbens.

Das Konzept sieht vor, dezentrale Wäscher an den Fassaden der einzelnen Betriebsgebäude zu installieren. Die Regeneration des beladenen Absorptionsmittels erfolgt in einer zentralen Regenerationseinheit im Lösemittelaufarbeitungsbetrieb. Sie wird mit einer Kapazitätsreserve versehen; so besteht die Möglichkeit, neue Wäscher modulartig nachträglich zu integrieren.

Einem Wäscher kann Apparateabluft, so wie sie anfällt, zugeleitet werden. Es bedarf keiner Vorbehandlung, insbesondere keiner Verdünnung mit Frischluft zur Konditionierung des Lösemittelgehaltes.

Eine Fortluftrückführung an den Wäschern sorgt dafür, daß in den Abluftsammelsystemen auch bei extrem stoßartigen Gasanfällen, praktisch keine Druckschwankungen auftreten. Es handelt sich um ein selbstregelndes System, das den Wäscher, trotz stark schwankender Abluftmengen, immer mit der gleichen Luftmenge beaufschlagt.

Das Absorptionsverfahren bietet so grundsätzlich die Möglichkeit, die Lösemittel zurückzugewinnen.

# 8 Ersatzstoffe für die Anwendung halogenierter Kohlenwasserstoffe

Dipl.-Ing. D. Heil

Am Anfang des Lösungsweges zu jeder Reinigungsaufgabe stehen zwei äußerst wichtige, grundsätzliche Fragen, die zwar banal klingen, aber desto häufiger übersehen werden:

1. Was soll entfernt werden?
2. Mit welchem Ziel soll gereinigt werden?

Fehlende, zu späte Fragestellung oder mangelnde Gründlichkeit bei der Beantwortung dieser Fragen sind Kardinalfehler, die sich auf die spätere Problemlösung verheerend auswirken können. Dies gilt in vermehrtem Maße für die wässrige Reinigung.

Zunächst sind daher Aufgaben und Ziele der Reinigung zu definieren:

1. *Verunreinigungen auf Werkstückoberflächen*

Häufige Verunreinigungen auf Werkstückoberflächen sind:
- Öle, Fette (nicht oder nur schwer emulgierbar)
- sog. wasserverdünnbare Öle und Fette (leicht emulgierbar)
- stabile Emulsionen
- feste, wasserlösliche Verunreinigungen (z.B. Salzrückstände)
- feste, unlösliche Verunreinigungen (z.B. Bearbeitungsrückstände, Schmutz, Staub).

2. *Ziele der Werkstückreinigung*

Jede Reinigungsaufgabe hat ein Ziel, das **vor** Planungsbeginn zu definieren ist. Dieses Ziel wird durch die anschließende Verwendung oder Bearbeitung des Werkstücks bestimmt. Nachfolgend eine Auswahl häufiger Reinigungsziele mit aufsteigenden Anforderungen an die Reinigungsqualität:

- Zwischenreinigung zur Weiterbearbeitung oder für Meßvorgänge
- Reinigung vor Versand zur Endmontage beim Kunden
- Reinigung vor innerbetrieblicher Zwischenlagerung
- Endreinigung vor dem Versand zum Verbraucher

- Reinigung als Vorbereitung zum Lackieren oder Kleben
- Reinigung vor dem Galvanisieren

Durch die anschließende Verwendung oder den nachfolgenden Fertigungsschritt wird definiert, welche Verunreinigungen unbedingt entfernt werden müssen, welche teilweise und bis zu welchem Grad zu entfernen sind und welche Verunreinigungen sich nicht störend auswirken. Auch ist zu klären, welche Rückstände des Reinigungsprozesses zugelassen oder unerwünscht sind.

In der Praxis wird es meist nicht möglich sein, das Reinigungsverfahren exakt dem Reinigungszweck anzupassen, jedoch vermeidet die oben empfohlene Fragestellung, daß unnötiger Aufwand entsteht oder, was noch fataler wäre, daß das gewählte Reinigungsverfahren die gestellten Anforderungen nicht erfüllt.

## 8.1 Lösemittel-Systematisierung

Halogenierte Kohlenwasserstoffe weisen ein breites Spektrum positiver Eigenschaften auf, die ihren Ersatz in der industriellen Reinigung außerordentlich schwierig gestalten.

Ihre Unbrennbarkeit ermöglicht den Einsatz außerhalb gewerberechtlicher VbF-Anforderungen, sowie in Verfahren, die mit Lösemitteldampf arbeiten. Sie weisen eine gute Lösefähigkeit gegenüber hartnäckigsten öl- und fetthaltigen Verunreinigungen auf. Ihre Schnellflüchtigkeit bedingt auch bei Raumtemperatur kurze Trockenzeiten, so daß der Einsatz von Trocknern nicht erforderlich wird. Durch gute Destillierbarkeit ist ein Recycling in einfachen Anlagen vor Ort beim Anwender möglich. Müßten nicht Umweltaspekte berücksichtigt werden, so wären gute Reinigungsergebnisse mit kostengünstigen Anlagen und einfacher Verfahrenstechnik zu erzielen.

Diese Kombination von in der Praxis entscheidenden Vorteilen bietet kein Stoff aus der Reihe der halogenfreien Lösemittel. Entsprechend aufwendig oder häufig unmöglich gestaltet sich auf dem Gebiet der industriellen Reinigung die Substitution von Halogenkohlenwasserstoffen durch halogenfreie Lösemittel.

Die Brennbarkeit verbietet die Verwendung in Entfettungsverfahren mit Lösemitteldampfeinsatz, so daß bei hohen Anforderungen an fettfreie Oberflächen nur kurze Standzeiten der Bäder tolerierbar sind. Die Brennbarkeit der Lösemittel machen strengere Sicherheitsbestimmungen für die Lösemittellagerung (VbF, TRbF) notwendig und erfordern daher eine aufwendige Gestaltung der Läger.

Die erwünschte Schnellflüchtigkeit läßt sich meist nur bei leichtentzündlichen Lösemitteln erreichen. Je höher der Aromatenanteil der halogenfreien Lösemittel ist, desto höher ist der dadurch bedingte Aufwand für den Arbeitsschutz. Geringere Aromatenanteile bedingen fast immer höhere Reinigerkosten.

Halogenfreie organische Lösemittel werden in der Praxis als technisch reine Stoffe oder, häufig unter der Bezeichnung Kaltreiniger, als Gemische eingesetzt. Einen Überblick über die als Ersatz der Halogenkohlenwasserstoffe eingesetzten Lösemittel und ihre wichtigsten Eigenschaften gibt Tabelle 8.1 . Hierbei spielen insbesondere die Parameter Gefahrenklasse (VbF), Flammpunkt und Verdunstungszahl eine wichtige Rolle. Es zeigt sich, daß halogenfreie Lösemittel, die bzgl. der Verdunstungszahl vergleichbare Werte und damit Trocknungszeiten wie gebräuchliche HKW aufweisen, ausnahmslos im AI-Bereich zu finden sind.

Die nachfolgende chemische Systematisierung deckt folglich nicht das Spektrum des bestehenden Angebots ab, ist aber auch hilfreich bei der Charakterisierung von Gemischen.

**Tabelle 8.1** Wichtige Lösemittel und ihre Eigenschaften

| Stoffgruppe | wichtige Vertreter | Gefahrenklasse (VbF) | Flammpunkt °C | Verdunstungszahl (Ether = 1) |
|---|---|---|---|---|
| aliphatische Kohlenwasserstoffe | Testbenzin | AI | -20 ... 10 | je nach Flammpunkt |
| | Waschbenzin | AI | -20 ... 10 | |
| | Petroleum | AII | > 21 | |
| aromatische Kohlenwasserstoffe | Benzol | AI | -11 | 3 |
| | Toluol | AI | 6 | 6,1 |
| | Xylol | AII | 30 | 13,5 |
| Alkohole | Isopropanol | B | 12 | 11 |
| | Butanol | AII | 29 | 33 |
| | Ethanol | B | 12 | 8,3 |
| Ketone | Aceton | B | -19 | 2,1 |
| | Cyclohexanon | AII | 43 | 40 |
| Ester | Methylacetat | AI | -10 | 2,2 |
| Ether, Glykole | Ethylglykol | - | 111 | 600 |
| | Iso-Propylglykol | - | 51 | 68 |

## 8.2 Anwendungsmöglichkeiten halogenfreier Reiniger

Bevor im folgenden näher auf spezielle Ersatzstoffe und -verfahren eingegangen wird, soll dieser Abschnitt einen kurzen Überblick über mögliche Einsatzgebiete halogenfreier Lösemittel geben.

**I. Teilereinigung im Werkstattbereich**

Da hier keine schnelle Trocknung der Teile und geringe Anforderungen an die Fettfreiheit gefordert werden, bieten AIII-Reiniger zufriedenstellende Ergebnisse. Die Reinigung kann im Tauchverfahren oder in kleinen Teile-Reinigungsanlagen (mit Pinsel) erfolgen. Bei letzteren kann der Reinger bis zur Entsorgung im Anliefergebinde verbleiben.

Um gesundheitliche Risiken für die Mitarbeiter auszuschließen, sollten entaromatisierte Reiniger, z.B. auf der Basis von synthetischen Iso- und n- Paraffinen, verwendet werden. Die Trocknung kann durch Abblasen mit Druckluft unterstützt werden.

**II. Reinigung von vormontierten großen Maschinen**

Große Maschinen, wie z.B. schwere Pressen, werden erst nach der Vormontage fertiglackiert. Zur Reinigung und Entfettung dieser Komponenten eignen sich weder HKW-Verfahren, da nur geschlossene Anlagen zulässig sind, noch wässrige Verfahren, die wegen unüberschaubaren schöpfenden Geometrien und bei empfindlichen elektrischen Bauteilen nicht einsetzbar sind. Hier bietet sich ebenfalls der Einsatz von AIII-Reinigern an, da Trocknungszeiten bei Abläufen dieser Größenordnung nur eine untergeordnete Rolle spielen und die Maßnahmen oft an den Montagearbeitsplätzen durchgeführt werden müssen. Die Reinigung dieser Großkomponenten muß in ausreichend belüfteten Räumen erfolgen. Eine Absicherung der Arbeitsbereiche gegen Boden- und Grundwasserverunreinigungen durch Abtropfverluste ist zwingend notwendig.

**III. Vorreinigung zur Dampfstrahl-Hochdruckreinigung (HD-Verfahren)**

Zur Unterstützung der wässrigen Hochdruck-Reinigung können Werkstücke mit hartnäckigen Verschmutzungen ohne Entfettungszusätze vor der Hochdruckwäsche mit Kaltreinigern auf der Basis halogenfreier Lösemittel eingesprüht werden. Damit das Abwasser in Leichtflüssigkeitsabscheidern gereinigt werden kann, muß der Kaltreiniger den Forderungen gemäß RAL-UZ 29 entsprechen. Weiterhin dürfen als Verschutzungen keine emulgierenden Verunreinigungen vorliegen. Auch Wachse sind wegen ihrer hohen Dichte häufig störend.

**IV. Organische Phosphatierverfahren**

Ein, bei nur schwach befetteten Teilen, interessantes Verfahren, ist das organische Phosphatierverfahren, auch unter den Handelsnamen PAI.KOR, Graulphos oder COLLAGENT 92 bekannt. Bei diesen Verfahren erfolgt Reinigung/Entfettung und Eisenphosphatierung in einem Tauchbad. Das Verfahren arbeitet kalt, unter Verwendung eines AII-Gemisches aus aromatischen Kohlenwasserstoffen, Alkoholen etc., mit Polymeren und Phosphorsäure.

Dabei laufen folgende Vorgänge ab: im Lösemittel lösen sich anhaftende Ölverschutzungen, so daß freie Phosphorsäure die nun blanke Metalloberfläche angreifen kann. Es bilden sich auf dem Metall (Eisenwerkstoffe) als Inversionsschicht Eisenphosphatkristalle. Beim Austauchen des Werkstücks wird ein gewisser Anteil Polymer mit ausgebracht, der wiederum einen bestimmten Prozentsatz an Öl enthält und anschließend auf der Metalloberfläche auftrocknet. In gewissen Grenzen soll dieser Öl-Polymer-Film die Lackhaftung einer anschließenden Lackierung nicht stören. Die Trocknung der Werkstücke erfolgt in einer nachgeschalteten Abdunstzone.

Wenn nun der Öleintrag in das Bad nicht größer ist als der Austrag im Polymerfilm, haben die Bäder theoretisch eine unendliche Standzeit. Lediglich unlösliche Verunreinigungen müssen als Schlamm ausgetragen werden. Der Grenzwert für den durchschnittlichen Ölgehalt wird mit 1 bis 2 g $Öl/m^2$ angegeben. Wenn dieser Ölgehalt überschritten wird, erschöpfen sich die Bäder mehr oder weniger schnell und müssen zumindest teilentsorgt werden, was bei den vorliegenden Inhaltsstoffen relativ teuer sein dürfte. Nach Aussagen von Betreibern verursachen auch die notwendigen Analysen zur Überwachung der Badzusammensetzung nicht unerhebliche Kosten.

Für den Fall, daß die Anlagen in räumlichem oder betrieblichen Zusammenhang mit Lackieranlagen betrieben werden, sieht § 1 der 4. BImSchV vor, die Summe der Emissionen *beider* Anlagen für die Entscheidung über eine Genehmigungspflicht zugrunde zu legen. Daher kann für eine, zunächst nicht genehmigungspflichtige Lackieranlage, ein Genehmigungserfordernis entstehen, wenn z.B. die zusätzlichen Emissionen einer größeren Reinigungsanlage, mit oben beschriebenem Verfahren, installiert wird. Dies bedeutet u.U teure Forderungen nach dem Stand der Technik für Abluftreinigungsmaßnahmen.

## V. Niederdruck-Plasmaverfahren

Das Niederdruck-Plasmaverfahren arbeitet in einer evakuierten Reaktionskammer, in der ionisierte Gase mit den Verunreinigungen reagieren. Dabei werden auch Werkstückoberflächen aktiviert oder "trocken geätzt", z.B. als Vorbereitung für Klebe- und Beschichtungsvorgänge.

Ein Vakuum-Reaktor wird auf einen Druck von ca. 0,1 bis 1 mbar abgepumpt. Es wird ein Prozeßgasgemisch, in aller Regel Sauerstoff und $CF_4$ , dosiert zugegeben. Die Gase werden dann mittels Hochfrequenz ionisiert. Dabei bilden sich positive und negative Ionen sowie neutrale Radikale, die alle chemisch hochaktiv sind. Diese reagieren mit den Verunreinigungen und führen sie in einen gasförmigen Zustand über. Die entstehenden Abgase werden durch die Vakkumpumpe abgepumpt und können, je nach Zusammensetzung, über Aktivkohlefilter gereinigt werden.

Wichtige Vorteile dieses Verfahrens sind:

- Entsorgungsprobleme, die durch Chemikalien wie Lösemittel, Säuren etc. entstehen, entfallen, da die Reaktionsprodukte beim Plasmaprozeß gasförmig sind.

- Das Verfahren bietet eine hervorragende Spaltgängigkeit. Es bleiben keine Rückstände, die beispielsweise eine Langzeitkorrosion verursachen könnten; Schmierfilme und andere Verunreinigungen werden nicht verdünnt, sondern vollständig weggeätzt.

- hohe Produktionssicherheit bei abgestimmtem Verfahren.

Nach Herstellerangaben besteht vor allem in den Bereichen der Kunststoffverarbeitung, z.B. beim Modifizieren von Kunststoffoberflächen zur Verbesserung der Adhäsionseigenschaften und in der Elektronik- und Leiterplattenindustrie, z.B. Reinigen von Bohrlochverschmierungen, Entfernen von Kleberausblutungen und Flußmittelresten die Möglichkeit, Halogenkohlenwasserstoffe durch Einsatz des Niederdruck-Plasmaverfahrens zu ersetzen.

## 8.3 Wässrige Reinigungssysteme

Einleitend zu diesem Thema sei bemerkt, daß spezielle wässrige Reinigungsverfahren zur HKW-Substitution nicht existieren. Die wässrigen Reinigungssysteme sind die ältesten Reinigungssysteme und haben schon lange, auch bevor HKW-Verfahren ins Gerede kamen, ihren angestammten Platz in der industriellen Reinigung von Werkstücken, insbesondere dort, wo hohe Anforderungen an den Reinheitsgrad gestellt werden (Galvanik, Karosserielackierung). In der gegenwärtigen Situation ist es nun häufig wirtschaftlich geworden, auf diese bewährten Verfahren auch dort zurückzugreifen, wo bisher HKW-Verfahren erfolgreich im Einsatz waren. Wässrige Reinigungsverfahren können durch Angaben zur chemischen und physikalischen Verfahrenstechnik beschrieben werden.

### 8.3.1 Chemische Verfahrenstechnik

Im Gegensatz zu Lösemittelverfahren, die lediglich auf physikalischen Mechanismen beruhen, arbeiten wässrige Reinigungssysteme mit chemischen, insbesondere mit elektrochemischen Effekten.

Ein grundlegendes Problem bei der wässrigen Entfettung ist die Tatsache, daß Wasser (Reinigungsmedium) und Öl (Verunreinigung) nicht untereinander mischbar sind. Dadurch wird zunächst verhindert, daß sich Öle und Fette mit Wasser entfernen lassen. Zudem gelangt Wasser auch nicht an andere wasserlösliche oder abschwemmbare Verunreinigungen, wenn diese öl- oder fettbehaftet vorliegen.

Dem Reinigungsmedium Wasser müssen Zusätze beigegeben werden, die die Eigenschaften des Bades dahingegen verändern, daß eine Benetzbarkeit der Verunreinigungen mit der wässrigen Phase möglich wird.

Die Unvermischbarkeit zwischen Wasser und Öl hat ihre Ursache darin, daß Wasser eine stark polare Flüssigkeit, Öle (z.B. auch organische Lösemittel) dagegen unpolare Medien sind. Um nun eine, wenn auch oft nur temporäre Vermischbarkeit zwischen Wasser und Öl zu erreichen, werden dem Wasser sogenannte grenzflächenaktive Stoffe, bekannt auch als Netzmittel, Seifen oder Tenside, zugegeben.

Die grenzflächenaktiven Stoffe bestehen aus einer lipophilen (lipophil = fettfreundlich) und einer hydrophilen (hydrophil = wasserfreundlich), elektrisch geladenen Gruppe. Diese setzen zunächst die starke Oberflächenspannung des Wassers herab und bewirken damit, daß das Wasser auch in enge Räume eindringen und diese benetzen kann (Netzmittel). Die einzelnen Tensidmoleküle - Seifen werden heute im industriellen Bereich kaum mehr verwendet - lagern sich nun mit ihrem lipophilen Ende an Fetttröpfchen an, ihr elektrisch geladenes Ende ragt in Richtung Wasser. Da Wasser eine polare Flüssigkeit darstellt, werden derart *maskierte* Fetttröpfchen mit dem Wasser verbunden und können vom Werkstück abgespült werden. Die elektrischen Ladungen an den Oberflächen der einzelnen Fetttröpfchen bedingen, daß diese sich gegenseitig abstoßen. Dadurch wird ein erneutes Zusammenfließen verhindert. Es bildet sich eine mehr oder weniger stabile Emulsion.

Eingesetzt werden heute, bis auf Ausnahmen, anionische oder nichtionogene Tenside. Die anionischen Tenside sind organische Salze mit negativem Ladungscharakter. Nichtionogene Tenside besitzen keine elektrische Ladung, haben jedoch als hydrophilen Teil eine polare Gruppe.

Neben diesen Vorgängen im Grenzflächenbereich, laufen bei wässrigen Reinigungsverfahren u.a. auch chemische Reaktionen ab, wie z.B. Verseifungsreaktionen zwischen alkalischen Reinigungszusätzen und tierischen und pflanzlichen Fetten. Bei diesen Verseifungsreaktionen entstehen aus den Fetten wasserlösliche, organische Salze.

Neben den oberflächenaktiven Stoffen enthalten wässrige Reiniger noch eine Reihe von anderen Zusätzen, wie:

- Alkalihydroxide
- Karbonate
- Silikate
- Phosphate
- Borate
- organische Korrosionsschutzmittel
- organische Hilfsstoffe
- saure Alkaliphosphate
- Phosphorsäure

Diese Zusätze sind nötig, um die Reiniger an die verschiedenen Parameter des Verfahrens, wie z.B. pH-Wert, Wasserhärte, Arbeitstemperatur, Ölaufnahmevermögen, Emulgierverhalten, Werkstoffspektrum etc. anzupassen. Die breite Palette an Gestaltungsmöglichkeiten der chemischen Verfahrenstechnik zeigt, daß wässrige Reinigungssysteme gegenüber Lösemittelverfahren hinsichtlich der Anpassungsfähigkeit auf veränderte Einsatzbedingungen entscheidende Vorteile haben.

Nachfolgend eine Übersicht über die wichtigsten Familien wässriger Reiniger:

**Stark-alkalische Reiniger** bauen auf der Basis von Alkalihydroxiden auf und werden mit einem pH-Wert > 12 angesetzt. Sie eignen sich hervorragend zur Entfernung von verharzten Ölen und Fetten, meist in Verbindung mit hoher Temperatur (Abkochentfettung). Weiterhin werden diese Reiniger zur Entfernung von Phosphatschichten und "Ziehspiegel", meist Metallseifen, in Verbindung mit Komplexbildnern eingesetzt.

Aufgrund des hohen pH-Wertes sind stark alkalische Reiniger bei Werkstoffen wie z.B. Aluminium, Zink oder Messing-Legierungen nur eingeschränkt einsetzbar. Bei geschickter Auswahl der Salzkombination kann jedoch ein übermäßiger Angriff des Werkstoffs durch die Reinigerlösung vermieden werden. Die starke Alkalität hat allerdings im Anlagenbetrieb einen erhöhten Spülaufwand zur Folge. Bei der Abwasserbehandlung ergibt sich weiterhin ein erhöhter Neutralisationsaufwand.

**Alkalische Reiniger** enthalten als Basissalze Silikate und Phosphate und arbeiten in einem pH-Bereich von pH 8,5 bis 11,5. Sie sind im mild-alkalischen Bereich auch uneingeschränkt für Leichtmetalle und verzinkte Oberflächen geeignet.

Hartnäckige, ölige und feste Verunreinigungen können bei höheren pH-Werten gut entfernt werden. Der Spül- und Neutralisationsaufwand ist hier geringer als bei den stark-alkalischen Reinigern. Die Bildung von Carbonaten, insbesondere durch Reaktion mit $CO_2$ aus der Luft in Spritzwaschmaschinen, ist hier, gegenüber der obigen Gruppe, deutlich reduziert und damit auch die Schlammbildung durch Carbonate.

**Neutralreiniger** reagieren meist schwach-alkalisch (pH 8 bis 9, je nach Konzentration). Sie enthalten häufig neben nichtionogenen Tensiden auch Amine, z.B. als Komplexbildner.

Das größte Einsatzgebiet dieser Reiniger ist die Zwischenreinigung, oft verbunden mit Passivierung oder Konservierung. Auf den Werkstücken verbleibt dabei ein dünner, korrosionsschützender Film, der die Werkstücke während der nachfolgenden Weiterverarbeitung oder Zwischenlagerung schützt. Das Reinigungsvermögen dieser Reiniger ist für viele, in der Fertigung vorkommenden Verschmutzungen ausreichend.

Der Spülaufwand, Badpflege für das Entfettungsbad vorausgesetzt, ist minimal, häufig muß auf eine Nachspülung sogar verzichtet werden, um die Korrosionsschutzeigenschaften zu erhalten. Da die pH-Werte der Reiniger die Grenzwerte für Indirekteinleiter nicht übersteigen, kann auf eine Neutralisation im Rahmen einer nachfolgenden Abwasserbehandlung verzichtet werden. Auf die spezielle Problematik der Komplexbildner bei bestimmten Abwasserbehandlungsverfahren wird später noch hingewiesen.

**Alkaliphosphatreiniger** arbeiten im pH-Bereich von 4 bis 6,5 , reagieren also schwach-sauer. Sie enthalten saure Alkaliphosphate, die einen leichten Beizeffekt auf Metalloberflächen bewirken. Bei der Behandlung von Stahloberflächen entsteht eine dünne, fest mit dem Grundwerkstoff verbundene Eisenphosphatschicht, deren Kation aus dem Grundwerkstoff stammt.

In einem Arbeitsgang lassen sich Metalloberflächen entfetten und gleichzeitig phosphatieren (z.B. Dünnschicht-Eisenphosphatierung). Die entstehende Eisenphosphatschicht dient als Korrosionsschutz für eine nachfolgende Zwischenlagerung und bringt eine deutliche Verbesserung der Lackhaftung. Einschränkungen bestehen bei der Entfernung hochschmelzender und -viskoser Fette und Konservierungen sowie bei vielen tierischen und pflanzlichen Fetten. Hier ist meist eine alkalische Vorreinigung erforderlich.

Aktivbädern zur Reinigung und Vorbehandlung von Metalloberflächen mit sauren Alkaliphosphatreinigern müssen regelmäßig ein oder mehrere Spülvorgänge nachgeschaltet werden. Zudem sind verworfene Bäder im Rahmen der Abwasserbehandlung zu neutralisieren.

### 8.3.2 Physikalische Verfahrenstechnik

Neben der oben beschriebenen Verfahrenschemie bei der wässrigen Reinigung sind für einen guten Reinigungserfolg auch physikalische Randbedingungen (z.B. Temperatur, Spritzdruck) einzuhalten. Im Gegensatz zur Verfahrenschemie, bei der die chemischen Bedingungen durch Badzusätze erreicht werden, bestimmt die Verfahrensphysik eines Reinigungssystems die erforderliche Anlagentechnik.

Physikalische Einflüsse, wie Temperatur, Druck und Badbewegung, beschleunigen die chemischen Vorgänge, bringen diese oft erst in Gang und bewirken, daß die abgelösten Verunreinigungen von der Werkstückoberfläche abgeschwemmt und in der Reinigungslösung verteilt werden. Es folgt eine Beschreibung wichtiger physikalischer Parameter, die bei der Wahl der Anlagentechnik zugrunde gelegt werden müssen.

**Temperatur**

Die Badtemperatur beschleunigt die chemischen Reaktionen beim Reinigungsvorgang. Öle und Fette lassen sich erst dann mit zufriedenstellender Geschwindigkeit entfernen, wenn der Tropfpunkt des jeweiligen Öles oder Fettes erreicht oder überschritten ist. Dieser liegt oft über der Raumtemperatur, in den anderen Fällen findet eine Beschleunigung der Entfettungsreaktion statt.

Bei Entfettungsverfahren mit sauren Alkaliphosphaten ist ein bestimmtes Temperaturniveau erforderlich, um die Beiz- und Schichtbildungsreaktion einzuleiten. Üblich sind bei Spritzverfahren Badtemperaturbereiche von 35 bis 65 °C, bei Tauchverfahren 50 bis 95 °C.

Die Badzusätze bei Spritzverfahren sind auf die Badtemperatur abzustimmen, da die Unterschreitung des vorgeschriebenen Temperaturniveaus zu übermäßiger Schaumbildung führen kann.

Unter dem Gesichtspunkt des sparsamen Umgangs mit Energie ist es sicherlich sinnvoll, mit möglichst niedrigen Badtemperaturen zu arbeiten. Leider werden hier die Untergrenzen gerne übersehen, was u.U. zu gewaltigen Qualitätseinbußen bei nachfolgenden Beschichtungen führen kann. Als Faustregel muß beachtet werden, daß mit der Viskosität des anhaftenden Fettes auch die notwendige Badtemperatur steigt.

**Spritzdruck**

Dieser Parameter ist nur in Spritzwaschmaschinen relevant. Durch den Spritzdruck wird dem Reinigungsvorgang mechanische Energie zugeführt. Der beschleunigte Flüssigkeitsstrahl reißt beim Auftreffen auf die Werkstückoberfläche die Verunreinigungen auf, so daß das Reinigungsmedium intensiv mit den Verunreinigungen in Kontakt gerät. Dabei werden die Verunreinigungen im Reinigungsmedium fein verteilt und mit diesem abgespült.

Übliche Spritzdrücke von Spritzwaschmaschinen liegen im Bereich von 1,2 bis 2,5 bar. Bei Hochdruckreinigungsverfahren liegen die Arbeitsdrücke bei ca. 80 bar, allerdings mit geringem Volumenstrom.

**Mechanische Unterstützung bei Tauchreinigungsverfahren**

Auch bei Tauchreinigungsverfahren ist in aller Regel eine mechanische Unterstützung des Reinigungsvorgangs erforderlich. Neben dem Zerteilen und Abschwemmen der Verunreinigungen hat die mechanische Unterstützung bei Tauchreinigungsverfahren die Aufgabe, einen Konzentrationsausgleich in der Grenzschicht direkt über der Werkstückoberfläche zu erreichen. In dieser Grenzschicht würde sonst ein ungünstiges Mischungsverhältnis zwischen Verunreinigung und Badzusatz entstehen.

Die mechanische Unterstützung der Reinigung kann bei Tauchverfahren auf verschiedene Art und Weise erfolgen; häufig sind die beschriebenen Maßnahmen in Kombination anzutreffen.

**Die Bewegung des Reinigungsgutes** ist die einfachste Art und Weise der mechanischen Unterstützung im Tauchverfahren. Sie kann manuell durch einfaches Auf- und Abbewegen einzelner Werkstücke, durch Schwenken von Warenkörben oder durch Trommeln von Schüttgut erfolgen.

Da bei diesen Verfahren die wirksame mechanische Energie gering ist, sind zufriedenstellende Ergebnisse nur dort zu erwarten, wo keine hartnäckig anhaftenden Verschmutzungen vorliegen. Ein großer Vorteil der Bewegung des Reinigungsgutes im Bad ist allerdings, daß auch in Sacklöchern und ähnlichen Werkstückgeometrien ein intensiver Austausch von Reinigungsflüssigkeit stattfindet.

Bei der **Badumwälzung** wird über einen Pumpenkreislauf oder durch Einblasen von Druckluft die Badflüssigkeit in intensive Bewegung versetzt. Durch geschickt unter der Badoberfläche angeordnete Düsen können zum Beispiel kritische Geometrien verstärkt mit dem Reinigungsmedium beaufschlagt werden.

Neben den unter I. genannten Vorteilen bietet dieses Verfahren den Vorzug einer gleichmäßigen Temperaturverteilung im Badvolumen. Darauf ist besonders zu achten, wenn kalte Werkstücke mit hoher Masse gereinigt werden müssen.

### III. Ultraschallunterstützung

Ultraschallverfahren sind weit verbreitet, wenn intensivste mechanische Unterstützung des Reinigungsvorgangs gefordert wird. Dies ist z.B. regelmäßig bei der Entfernung von angetrockneten Polierpasten der Fall.

Bei der Ultraschallreinigung (US-Reinigung) werden durch spezielle, elektrisch angeregte Schwingelemente im Tauchbad hochfrequente Schallwellen erzeugt, die beim Auftreffen auf die Werkstückoberfläche zu Kavitationserscheinungen führen. Bei den Kavitationserscheinungen werden partiell große Energien frei, die hartnäckige Verunreinigungen abreißen und fein verteilen. Dieser Effekt ist auch in schwer zugänglichen Werkstückgeometrien vorhanden, solange diese nicht verdeckt werden (Hinterschneidungen). Um die Schattenbereiche von massiven "Schallschluckern" zu erreichen, sind dann Schwenkbewegungen des Reinigungsgutes erforderlich.

Der wirtschaftliche Einsatz von Ultraschallunterstützung ist durch die Badgröße begrenzt. In Großanlagen ist dieses Verfahren nicht anzutreffen, da die Investitions- und Energiekosten unwirtschaftlich hoch wären. Ein Kostenvergleich ist in Grenzfällen unerläßlich.

### IV. Hydroson-Unterstützung

Das Harshaw-Hydroson-Verfahren ist ein patentiertes Verfahren der Harshaw Chemie BV und weist einen ähnlichen Mechanismus auf wie die US-Reinigung. Deutliche Unterschiede bestehen jedoch bei der Erzeugung des Kavitationseffekts. Hierbei werden keine elektrisch angeregten Schwingelemente eingesetzt, sondern spezielle, im Bad angeordnete Spritzdüsen, durch die das Reinigungsmedium mit hohem Druck (ca. 15 bar) gefördert wird. In diesen sog. "Generatoren" werden Schallwellen und Turbulenzen hydrodynamisch erzeugt, ohne daß bewegliche Teile oder elektrische Komponenten zum Einsatz kommen.

Bei der Schallerzeugung entstehen Vakuumbläschen, die im Bad und an der Werkstückoberfläche implodieren und dort Verunreinigungen losreißen. Durch die Turbulenzen, die bei der zwangsläufigen Badumwälzung entstehen, werden die Vakuumbläschen auch in Hinterschneidungen transportiert. Dadurch wird die unerwünschte Schattenwirkung vermieden. Auf eine Warenbewegung kann damit verzichtet werden.

Ein anderer positiver Nebeneffekt der auch im Bad implodierenden Vakuumbläschen ist die Tatsache, daß freie Öltröpfchen - die sonst aufschwimmen und mit dem Reinigungsgut verschleppt würden - laufend zerteilt und damit leichter in Schwebe gehalten werden. Das Ölaufnahmevermögen des Bades steigt dadurch erheblich. Da dieser Effekt nach Abschalten der Badumwälzung verschwindet, kann freies Öl z.B. über Nacht aufschwimmen und vor Betriebsbeginn abgezogen werden.

Ein weiterer Vorteil dieses Verfahrens ist die Tatsache, daß die entstehenden Schallwellen nicht so unangenehm empfunden werden, wie bei US-Verfahren. Eine aufwendige Geräuschdämmung ist daher nicht erforderlich.

## 8.4 Anlagentechnik wässriger Reinigungssysteme

Die Auswahl der richtigen Anlagentechnik, in aller Regel auch die Anlagetechnik an sich, ist beim Einsatz von wässrigen Reinigungssystemen wesentlich aufwendiger als bei HKW-Verfahren. Diese Tatsache hat nicht unerheblich zur großen Verbreitung von HKW-Reinigungsverfahren beigetragen. Allerdings steht bei wässrigen Verfahren auch eine breitere Palette von Möglichkeiten zur Verfügung. Dieser Umstand ist bei qualifizierter Planung als Vorteil zu werten, birgt aber bei mangelhafter Planung das erhöhte Risiko, ein ungeeignetes Verfahren zu "erwischen".

Wir haben oben festgestellt, daß bei der wässrigen Reinigung bestimmte physikalische Randbedingungen eingehalten werden müssen, die nun durch die Anlagentechnik verfügbar gemacht werden.

Neben dem Einfluß auf den Reinigungsvorgang werden durch die Bauart der Anlage auch nachfolgende Behandlungsschritte, wie z.B. Spülen und Trocknen, festgelegt. Weiterhin wirkt sie sich auf den Materialfluß und die Abwasserbehandlung aus.

Es folgt nun eine Übersicht über verbreitete und bewährte Anlagentypen, die keinen Anspruch auf Vollständigkeit erhebt, da eine Reihe von Bauarten für Spezialfälle (z.B. Reinigung von Bandblechen, Drähten etc.) bekannt sind, diese aber wegen ihrer schmalen Einsatzspektren den Rahmen dieses Vortrags sprengen würden.

### 8.4.1 Tauchwaschanlagen

Tauchwaschanlagen lassen sich für alle oben beschriebenen wässrigen Reinigungsverfahren einsetzen. Sie stellen, vereinfacht gesagt, eine Anordnung von einem oder mehreren Badbehältern dar, die bei Bedarf durch Belade-, Trocknungs-, und Entladestationen ergänzt werden.

Vorteile der Tauchwaschanlagen sind

- geringer Raumbedarf
- geringer Energiebedarf
- geringe Investitionskosten bei einfachen Anlagetypen
- hohe Flexibilität bei der Abstimmung von Behandlungsdauer und Badfolge
- schon mit einfachen Materialflußsystemen (z.B. Kettenzug in Deckenlaufschiene) bedienbar
- größere Einsatzbreite bei schwierigen Geometrien

Daneben lassen sich Reinigungsverfahren mit Ultraschall- oder Hydroson-Unterstützung nur in Tauchanlagen verwirklichen.

Allerdings muß bei Tauchverfahren auch mit folgenden Nachteilen und Einschränkungen gerechnet werden:

- relativ lange Prozeßzeiten
- ungeeignet bei schlecht entwässerbaren Hohlräumen im Reinigungsgut
- schlechte Eignung bei großen, sperrigen Werkstücken
- kein Raumvorteil bei kontinuierlichem Materialfluß
- Verschleppungsgefahr bei nicht-emulgierbaren Ölverschmutzungen

**Komponenten von Tauchwaschanlagen**

Tauchwaschanlagen können durch vielfältigste Kombinationen von Anlagenkomponenten der Reinigungsaufgabe angepaßt werden. Dies reicht von der einfachen Anlage mit einem beheizten Entfettungsbad (z.B. für die Zwischenreinigung vor Meßvorgängen) bis hin zu vollautomatischen Großanlagen mit mehreren Reinigungs- und Spülstationen mit nachgeschaltetem Trockner.

**Aktivbäder**

In den Aktivbädern findet der eigentliche Reinigungsvorgang statt. Meist genügt ein Reinigungsbad, häufig sind jedoch auch Anlagen mit zwei Bädern, das Erste davon zur Vorreinigung, anzutreffen.

Der Werkstoff der Badbehälter ist auf das Reinigungsmedium abzustimmen. Theoretisch würde in den meisten Fällen Baustahl genügen, jedoch sind Edelstahlausführungen empfehlenswerter, da in Bereichen, die mit Kondenswasser beaufschlagt werden, auch bei guter Lackierung schnell häßliche Korrosionserscheinungen auftreten.

Die Abläufe von Badbehältern sollten für eine Totalentleerung geeignet sein. Damit auch der abgesetzte Schlamm leicht ablaufen kann, ist ein Schrägboden erforderlich. Weiterhin sind die Bäder mit einer ausreichenden Wärmeisolierung zu versehen.

In die Aktivbäder ist regelmäßig eine - meist elektrische - Badheizung eingebaut. Jedoch sind auch andere Heizmedien, wie z.B. Thermoöl anzutreffen. Bei der Auslegung der Heizleistung wird zunächst der Werkstückdurchsatz (Wärmeaustrag durch die aufgeheizten Werkstücke) zugrundegelegt. In Verbindung mit dem Badvolumen ergibt sich dann die Aufheizzeit, die unbedingt nachgerechnet werden muß. Die Steuerung der Badheizung erfolgt zweckmäßigerweise durch eine Wochen-Zeitschaltuhr, so daß der Aufheizvorgang schon vor Schichtbeginn automatisch eingeleitet werden kann. Bei der Anordnung der Heizregister ist, neben einer gleichmäßigen Wärmeverteilung, auf gute Zugänglichkeit bei der Badreinigung zu achten.

Zur Abscheidung von aufschwimmendem Öl eignet sich eine seitlich angebrachte Überlaufrinne. Bei vorsichtiger Anhebung des Badspiegels läuft die aufgeschwommene Ölphase über die Überlaufrinne in ein gesondertes Badabteil und kann dort entfernt werden.

Am Badbehälter der Reinigungsbäder sind die Umwälzeinrichtungen angebracht, meist ein Pumpenkreislauf mit Vorfilter. Bei Harshaw-Hydroson-Anlagen werden mit diesem Pumpenkreislauf die sogenannten "Generatoren" im Tauchbad beaufschlagt.

Für US-Reinigungsverfahren befinden sich im Tauchbad die Schwingelemente zur Erzeugung von Schallwellen. Bei Leistungsvergleichen von US-Einrichtungen ist für die Beurteilung der Effektivität die spezifische Literleistung in $W_{eff}/l_{Badinhalt}$ relevant. Unseriöserweise wird manchmal nur die Spitzenleistung des Ultraschallgenerators angegeben, die um den Faktor 3 höher sein kann, als die Effektivleistung.

**Spülbäder**

In den wenigsten Fällen kann nach der Reinigung auf ein Spülen der Werkstücke verzichtet werden. Für nachfolgende Behandlungsstufen, oder auch bei Forderungen nach Fleckenfreiheit ist die Oberflächenreinheit nach dem Reinigungsvorgang nicht ausreichend, da das anhaftende Badmedium, neben den Badzusätzen, auch die eingetragenen Verunreinigungen in verdünnter Form enthält. Diese Bestandteile trocknen auf und würden z.B. zu Fehlbeschichtungen beim Lackieren oder zu standzeitverkürzenden Belastungen nachfolgender Bäder (z.B. Beizbäder) führen.

Die einfachste Form der Spüle ist die Standspüle, die, einmal mit Frischwasser befüllt, solange betrieben wird, bis die Konzentration an eingeschleppten Verunreinigungen kein ausreichendes Spülergebnis mehr erbringt. Danach wird der Inhalt abgelassen und das Bad neu befüllt. Man kann eine Standspüle auch als sog. Sparspüle betreiben, wenn der Spüle nur soviel Frischwasser zugegeben wird, wie zum Ausgleich von Badflüssigkeitsverlusten im Reinigungsbad entnommen wird. Stand- und Sparspülen alleine bringen keine weitreichenden Verbesserungen des Spülergebnisses, sind aber als Vorstufen zu Fließspülen sinnvoll einzusetzen.

Bei höheren Anforderungen an die Spülqualität ist der Standspüle regelmäßig eine Fließspüle nachzuschalten. Diese kann aus einem einzelnen Bad bestehen, in das kontinuierlich eine bestimmte Menge Frischwasser zu- und über einen Überlauf abläuft. Diese Form der einfachen Fließspüle ist heute jedoch nicht mehr Stand der Technik, da der Wasserverbrauch relativ hoch ist; aus wasserrechtlicher Sicht findet bei diesem Verfahren keine Reduzierung der Schadstofffracht sondern lediglich eine Verdünnung statt.

Der Wasserverbrauch läßt sich durch sog. Kaskadenspülen drastisch reduzieren. Bei der Gegenstrom-Kaskadenspültechnik werden dem letzten Spülbad, in das das Frischwasser zuläuft, eine oder mehrere Spülbäder vorgeschaltet, die jeweils mit dem ablaufenden Spülwasser des nachgeschalteten Bades beaufschlagt werden. Dadurch wird das eingesetzte Frischwasser mehrfach genutzt.

Wenn höchste Anforderungen an die Oberflächenqualität gestellt werden, (z.B. nachfolgende hochwertige Lackierungen, absolute Fleckenfreiheit) muß abschließend mit vollentsalztem Wasser (VE-Wasser) gespült werden. Das erfolgt meist in einer Standspüle, die mit VE-Wasser angesetzt wird. Der Salzgehalt, und damit die Badqualität wird über eine Leitfähigkeits-Meßeinrichtung überwacht. Bei Überschreiten eines vorgegebenen Leitwerts, wird das Bad abgelassen und neu befüllt. Bei großem VE-Wasserbedarf ist eine Kreislaufführung über die VE-Anlage oder eine Verwendung in der vorgeschalteten Spüle sinnvoll. Wegen der Aggressivität von VE-Wasser müssen Badbehälter, Pumpen und Rohrleitungen in Edelstahl oder Kunststoff ausgeführt werden.

Badbehälter für Spülbäder sollten immer mit Abläufen zur Totalentleerung versehen sein. Schrägböden sind nur für stark belastete Spülen (z.B. Standspülen) notwendig.

**Trockner**

Die einfachste Art, Werkstücke zu trocknen, ist die Trocknung durch die Eigenwärme der Werkstücke. Insbesondere dickwandige Werkstücke entnehmen beheizten Bädern soviel Energie, daß häufig eine Trocknung ohne zusätzliche Unterstützung erfolgt.

Da Spülbäder meist bei Raumtemperatur betrieben werden, muß bei dieser Art von Trocknung das letzte Spülbad (Standspüle) beheizt werden. Dies ist in aller Regel kostengünstiger als Anschaffung und Betrieb eines separaten Trockners. Unterstützend können schöpfende Geometrien (z.B. Sacklöcher) mit Druckluft ausgeblasen werden.

Bei dünnwandigen Werkstücken, komplizierten Geometrien, Falzen etc. ist die Trocknung mit Eigenwärme nicht ausreichend. Zur Unterstützung werden, in Verbindung mit Tauchanlagen, sogenannte Trogtrockner eingesetzt, die, wie die Tauchbäder, von oben befüllt werden.

### 8.4.2 Spritzwaschanlagen

Spritzwaschanlagen haben im Bereich der wässrigen Reinigung große Verbreitung gefunden. Spritzwaschverfahren bieten im Vergleich zu Tauchreinigungsverfahren den Vorteil, daß die Verfahrenszeiten erheblich verringert werden. Allerdings erfordern diese Verfahren einen höheren apparativen Aufwand (Spritzeinrichtungen, geschlossen Anlagenbauweise) und bauen häufig größer.

Bei Spritzwaschmaschinen werden zwei Bauweisen unterschieden:

**Kammerwaschmaschinen** sind Anlagen, bei denen das Reinigungsgut in eine Kammer gegeben wird, die mit geeigneten Spritzeinrichtungen versehen ist. Diese Spritzeinrichtungen können starr, verstellbar (z.B. auf "Schwanenhälsen" montiert) oder bewegt (z.B. rotierende Spritzarme oder Sprühkränze) ausgeführt sein, je nach vorliegender Werkstückgeometrie. Während des Waschvorganges ist die Waschkammer geschlossen. Zum Be- und Entladen sind verschließbare Kammeröffnungen notwendig. Absaugeinrichtungen verhindern, daß bei geöffneter Kammer Schwaden in den Arbeitsraum gelangen.

Die Spritzeinrichtungen werden über Pumpen, meist Kreiselpumpen, mit dem Wasch- oder Spülmedium versorgt. Zur Aufnahme der Badlösungen sind Behälter angebaut, meist wird mit einem oder zwei Bädern (Reinigen - Spülen) gearbeitet. Da Reinigungs- und Spülvorgänge in ein- und derselben Kammer durchgeführt werden, ist eine Umschaltvorrichtung im Ablauf erforderlich, die gewährleistet, daß die jeweils eingesetzte Badlösung dem richtigen Behälter wieder zugeführt wird. Naturgemäß sind bei dieser Anlagenbauweise größere Verschleppungen von Bad zu Bad als bei den unten beschriebenen Tunnelwaschanlagen zu erwarten.

Der Einsatz dieser Anlagen ist sinnvoll bei Korbware oder der Reinigung von Einzelstücken, wenn z.B. der Einsatz kontinuierlicher Fördersysteme (Stetigförderer) nicht vorgegeben ist. Hinsichtlich der Reinigungsqualität sind höchste Ansprüche nicht abzudecken, da die Anzahl der einzelnen Bäder sinnvollerweise auf wenige begrenzt ist. VE-Spül- oder Passivierungsvorgänge, als Vorbereitung für hochwertige Lackierungen, ließen sich wegen der größeren Verschleppungsgefahr nur mit unverhältnismäßig hohem Aufwand durchführen.
Dagegen bietet sich der Einsatz dieser Anlagen zur Zwischenreinigung vor nachfolgenden Bearbeitungs- oder Montagevorgängen an.

Die Trocknung kann durch Eigenwärme der Werkstücke in der Waschkammer erfolgen. Eine Unterstützung durch Blaseinrichtungen oder eine starke Absaugung bei teilweise geöffneter Beschickungsöffnung ist sinnvoll.

**In Durchlaufwaschanlagen** wird das Reinigungsgut kontinuierlich durch einzelne Spritzzonen gefördert und dort mit den verschiedenen Medien beaufschlagt. Die Anlagen sind in Tunnelbauweise ausgeführt und haben dadurch eine getrennte Einlauf- und Auslauföffnung. Damit keine Dampfschwaden in den Raum gelangen, müssen diese Öffnungen mit relativ hoher Luftleistung abgesaugt werden. Wenn das Reinigungsgut und die Art der Aufhängung es zulassen, können die Öffnungen zusätzlich mit flexiblen Lamellenvorhängen verschlossen werden.

Als Fördereinrichtungen sind für die hängende Förderung Kettenförderer im Einsatz. Die stehende Förderung, z.B. von Korbware kann mit Hilfe von Bändern, angetriebenen Rollenbahnen oder Tragkettenförderern erfolgen.

Die Spritzeinrichtungen bestehen in aller Regel aus Düsenstöcken, die um den Querschnitt des Arbeitsraums angeordnet sind und durch eine Kreiselpumpe beaufschlagt werden. Die Badbehälter sind direkt unter der jeweiligen Spritzzone angebracht und unter dem Tunnelbereich offen, so daß die ablaufende Flüssigkeit wieder direkt in das Bad gelangt. Die Böden des Reinigungstunnels sind mit Gefälle zum vorhergehenden Bad ausgeführt. Dadurch werden Verschleppungen durch ablaufende Flüssigkeit in die nachfolgende Zone vermieden.

Da für jeden Arbeitsvorgang ein eigener Bereich im Spritztunnel und eigene Spritzeinrichtungen zur Verfügung stehen, können Verschleppungen von Bad zu Bad auf Haftwasser am Werkstück und Sprühverluste begrenzt werden. Es ließen sich bei dieser Bauweise auch theoretisch eine unbegrenzte Anzahl von Reinigungs- und Spülvorgängen hintereinander anordnen. Häufige Kombinationen für Reinigungsaufgaben sind z.B. :

- 3 - Zonen - Anlage
  Zone 1 Reinigen/Entfetten
  Zone 2 Spülen 1 (Standspüle)
  Zone 3 Spülen 2 (Fließspüle)

- 4 - Zonen - Anlage
  Zone 1 Reinigen/Entfetten
  Zone 2 Spülen 1 (Standspüle)
  Zone 3 Spülen 2 (Fließspüle)
  Zone 4 VE-Spülen

Die Längen der einzelnen Zonen werden durch die Faktoren Behandlungszeit und Bandgeschwindigkeit bestimmt.

Aus diesem Grund ist es wichtig, die notwendigen Behandlungszeiten vor der Anlagenplanung mit dem Chemikalienlieferanten abzustimmen, dies gilt selbstverständlich auch für weitere Prozeßparameter wie z.B. Behandlungstemperatur, Spritzdruck etc. . Dazu sind in aller Regel Versuche mit repräsentativem Reinigungsgut erforderlich.

Nachteilig bei dieser Anlagenbauart ist, bedingt durch die Baulänge, der große Raumbedarf, der naturgemäß mit der Anzahl der Verfahrenszonen steigt. Aus diesem Grund scheitern auch meist wünschenswerte Einrichtungen von wassersparenden Mehrfach-Kaskadenspülungen, wie sie von Tauchanlagen her bekannt sind. Der Betrieb der Standspüle als Sparspüle (d.h. die Verwendung dieses Spülwassers zum Ausgleich von Badflüssigkeitsverlusten im vorhergehenden Aktivbad) ist jedoch ohne großen Aufwand zu verwirklichen.

Den Durchlaufanlagen sind so gut wie immer als Haftwassertrockner Umlufttrockner in Tunnelbauweise oder A-Bauweise nachgeschaltet, die eine schnelle Trocknung des Reinigungsgutes kontinuierlich gewährleisten. Für die Fördertechnik bietet sich eine Verknüpfung mit automatischen Lackieranlagen an, in die die Werkstücke, nach Durchlaufen einer Abkühlstrecke, ohne Umhängevorgänge eingefahren werden können.

### 8.4.3 Anlagenkomponenten und Zusatzeinrichtungen von Spritzwaschanlagen

Spritzwaschanlagen, insbesondere größere Durchlaufanlagen, sind regelmäßig individuell abgestimmte Einrichtungen. Daher besteht die Möglichkeit, und auch die Forderung, die einzelnen Komponenten in der Planungsphase auf den vorliegenden Bedarfsfall sorgfältig abzustimmen. Aus diesem Grund folgen Hinweise auf wichtige Bauteile solcher Anlagen, die zum Teil auch in Tauchwaschanlagen zu finden sind.

#### Badbehälter, Anlagengehäuse

Badbehälter und Anlagengehäuse werden mit den eingesetzten Reinigungs- und Spülflüssigkeiten beaufschlagt und müssen daher gegenüber diesen beständig sein. Bei kleineren Anlagen bietet sich eine Ausführung in Edelstahl an, da die Mehrkosten für das Material hier weniger erheblich sind. Bei großen Anlagen werden aus Kostengründen Edelstähle nur dort eingesetzt, wo deren Beständigkeit gefordert ist, z.B. in VE-Spülzonen. Die anderen Zonen werden aus normalen Baustählen gefertigt, die in pH-Bereichen > 3,5 eine ausreichende Beständigkeit aufweisen. Dabei ist in Anlagenbereichen, die mit aggressiverem Schwitzwasser beaufschlagt werden, auf eine gute Lackierung zu achten.

#### Badheizung

Bei wässrigen Reinigungsverfahren sind in jedem Fall die Reinigungsbäder zu beheizen. Wärmeverluste, die durch die Badheizung ersetzt werden müssen, setzen sich zusammen aus den Verlusten über Badbehälter und -oberfläche, dem Wärmeaustrag durch das Reinigungsgut und den Abkühlungserscheinungen beim Versprühen der Badflüssigkeit (Verdunstungswärme), sowie beim Niederschlag auf dem Anlagengehäuse.

Angesichts des hohen Energiebedarfs bei wässrigen Reinigungsverfahren, insbesondere bei Spritzverfahren, bildet die Auswahl der richtigen Badheizung eine entscheidende Position bei der Betriebskostenrechnung.

Folgende Systeme sind gebräuchlich:

Die **elektrische Direktheizung** ist nur bei geringem Wärmebedarf (Kleinanlagen) sinnvoll, da hohe Anschlußwerte mit hohen Bereitstellungskosten verbunden sind. Bei der Anordnung der Heizstäbe ist auf gute Zugänglichkeit bei Badreinigungsarbeiten zu achten. Ideal ist eine Demontierbarkeit der Heizstäbe auch bei gefülltem Bad, insbesondere wenn hohe Standzeiten des Bades zu erwarten sind.

Bei **Direktheizung mit Öl- oder Gasbefeuerung** ist die Brennkammer direkt im Bad angebracht, was, da ein Zwischenmedium fehlt, einen verbesserten Wirkungsgrad erwarten läßt. Die großen Brennkammern sind jedoch bei Badreinigungsarbeiten sehr störend, so daß Einsparungen bei der Anschaffung durch den höheren Zeitaufwand bei der Badreinigung schnell wieder wettgemacht werden.

Ein weiteres Problem dieser Heizungsart ist die häufig sehr begrenzte Lebensdauer, insbesondere bei billigen Angeboten. Daher sollten nur namhafte Fabrikate eingesetzt werden, die auch nach Jahren noch erhältlich sind.

**III. Beheizung über Wärmetauscherkreisläufe**

Hier erfolgt die Aufheizung der Badflüssigkeit über Platten- oder Rohrbündelwärmetauscher, sogenannte Gegenstromapparate. Erstere sind vorzuziehen, da sie sich sehr einfach zu Reinigungszwecken zerlegen lassen und auch nachträglich einer Erhöhung des Wärmebedarfs einfach angepaßt werden können. Die Umwälzung der Badflüssigkeit erfolgt über eine separate Umwälzpumpe oder, als einfachere Lösung, im Bypass zum Spritzsystem, allerdings muß hierbei die großdimensionierte Pumpe dieses Systems auch zur Aufheizung des Bades betrieben werden.

Als Wärmeträger werden Heißwasser, Dampf oder Thermoöl eingesetzt.

**Spritzdüsensystem**

Die Dimensionierung der Spritzdüsensysteme ist Sache des Anlagenbauers, dem der Betreiber jedoch verbindliche Angaben über die Geometrie der Werkstücke machen muß.

Daneben gibt es noch eine Reihe von Unterschieden in der Ausführung von Düsensystemen, die sich erst im späteren Betrieb bemerkbar machen. Werkstoffseitig ist zu erwähnen, daß erfahrungsgemäß Düsen aus Kunststoff schneller verschleißen, als solche aus Metall. Dem schnellen Aus- und Einbau der Düsen zu Reinigungszwecken sollte besondere Beachtung geschenkt werden. Hier amortisieren sich Mehrkosten bei der Anschaffung innerhalb kürzester Zeit. Dies gilt auch für die Befestigung der Düsenstöcke. Doch darf nicht nur der wirtschaftliche Aspekt bei dieser Frage gesehen werden; noch wichtiger ist, daß schwer auswechselbare Düsensysteme erfahrungsgemäß nicht regelmäßig gereinigt werden, was wiederum zu ärgerlichen Qualitätseinbußen führen kann.

**Wassertrockner**

Insbesondere den Durchlauf-Spritzwaschmaschinen sind regelmäßig Wassertrockner nachgeschaltet. Diese werden ebenfalls in Tunnelbauweise oder als sogenannte A-Trockner ausgeführt. Die Beheizung kann über Öl (indirekte Befeuerung) oder Gas (direkte Befeuerung) im Umluftbetrieb erfolgen. Seltener sind auch Infrarot-Trockner anzutreffen. Da die Trockner im Ein- und Auslauf permanent geöffnet sind, ist auf die Vermeidung von Zugluft am Trocknerstandort zu achten.

**Anlagen zur VE-Wassergewinnung**

VE-Wasser wird in Tauch- und Spritzanlagen für abschließende Spülvorgänge bei hohen Anforderungen an die Reinigungsqualität benötigt. Dazu müssen die Härtebildner aus dem Stadtwasser entfernt werden. Dazu gibt es heute zwei Verfahren:

In **Ionenaustauscher-Anlagen** durchläuft das Wasser je einen Kationen- und einen Anionenaustauscher. Diese Austauscher sind Filtersäulen, in denen sich sogenannte Austauscherharze befinden. An diesen Harzen lagern sich nun jeweils die Kationen bzw. Anionen der gelösten Salze des Rohwassers an. Die Harze geben dafür $H^+$ bzw. $OH^-$ - Gruppen an das Wasser ab, die sich zu Wassermolekülen verbinden.

Wenn die Harze erschöpft, d.h. voll beladen sind - der Beladungszustand wird über die Leitfähigkeit des gewonnenen VE-Wassers überwacht - müssen diese regeneriert werden. Dies erfolgt meist mit Salzsäure bzw. Natronlauge. Dabei fallen sogenannte Eluate an, die neutralisiert werden müssen. Eine Abwasserbehandlungsanlage ist also erforderlich.

**Umkehrosmose-Anlagen** arbeiten rein physikalisch. Dabei fallen keine behandlungsbedürftigen Abwässer an. Eine ausführlichere Beschreibung erfolgt später.

## 8.4.4 Einschränkungen beim Ersatz wässriger Systeme

Obwohl wässrige Reinigungssysteme durch vielfältigste Kombination chemischer und physikalischer Parameter an die meisten Reinigungsaufgaben angepaßt werden können, bleiben Aufgabenstellungen übrig, die nicht oder nur mit unverhältnismäßig großem Aufwand mit wässrigen Verfahren gelöst werden können. Es wäre Träumerei diese Tatsache zu übersehen, allerdings wäre es auch falsch, bei kritischen Reinigungsaufgaben vorschnell den Ersatz von Lösemittelverfahren auszuschließen.

In den vielen Fällen, in denen nicht auf Lösemittel verzichtet werden kann, spielen Kostengesichtspunkte eine untergeordnete Rolle, da geschlossene HKW-Reinigungsanlagen unter derart strengen Auflagen betrieben werden müssen, die kostengünstige Lösungen verhindern.

Bei folgenden Gegebenheiten sind wässrige Reinigungssysteme gar nicht oder nicht sinnvoll einzusetzten:

- fehlende thermische Belastbarkeit
- schwierige Geometrien; Falze, enge Spalten, feinste Bohrungen
- geringer Durchsatz
- hartnäckigste Verschmutzungen auf Buntmetallwerkstücken
- Forderung von Fleckenfreiheit bei geringem Aufwand
- beengte Raumverhältnisse
- einfachste Reinigungsaufgaben z.B. im Werkstattbereich

Hinweise auf die höhere Reinigungsqualität von Lösemittelverfahren sind jedoch kaum ein zugkräftiges Argument für deren Einsatz, da gerade anspruchsvolle Anwender, wie z.B. Galvaniken oder Automobilhersteller, wässrige Reinigungsverfahren als Vorbereitung für nachfolgende Beschichtungen schon lange im Einsatz haben. So gut wie immer können bei komplexeren Aufgaben seriöse Aussagen über den sinnvollen Einsatz des einen oder anderen Verfahrens nur nach qualifizierten Vorversuchen gemacht werden.

## 8.5 Abwasserbehandlungsverfahren

Bei wässrigen Reinigungsverfahren fallen regelmäßig Abwässer in Form von verschmutzten Aktivbädern und Spülwässern an, die wegen der Badinhaltstoffe nicht unbehandelt in den Kanal eingeleitet werden dürfen. Strenge gesetzliche Auflagen und dadurch bedingt erhebliche Kosten für die Abwasserbehandlung zwingen dazu, Reinigung und Abwasserbehandlung als Gesamtsystem zu sehen.

Aus wirtschaftlichen Überlegungen heraus scheidet die Fremdentsorgung verworfener Badlösungen in den meisten Fällen aus, so daß mit der Planung der Reinigungsanlage auch die der Abwassertechnik zu erfolgen hat, ausgenommen sind natürlich solche Betriebe, die bereits geeignete Abwasseranlagen besitzen, eine Abstimmung ist jedoch auch hier meist erforderlich.

Die Abwasserbehandlung hat die Aufgabe, schädliche Abwasserinhaltsstoffe zu eliminieren, pH-Werte zu korrigieren und dadurch eine einleitungskonforme Abwasserqualität zu erzeugen, besser noch, das Abwasser für eine Wiederverwendung im Prozeß aufzubereiten.

Die Grenzwerte für die Einleitungen sind durch folgende Rechtsverordnungen festgelegt:

- Rahmen-Abwasserverwaltungsvorschrift mit branchenspezifischen Anhängen
- branchenspezifische Abwasserverwaltungsvorschriften
- Indirekteinleiter-Richtlinien
- Abwassersatzungen der Gemeinden
- ATV-Arbeitsblatt A 115

In diesen Vorschriften und Richtlinien sind solche Stoffe begrenzt, die

- Schäden, Störungen und Belästigungen im Kanal direkt oder in Verbindung mit anderen Abwasserinhaltsstoffen hervorrufen,
- die Reinigungsleistung der Kläranlage beeinträchtigen,
- zu erheblichen Belastungen im Klärschlamm führen,
- in der Kläranlage nicht eliminiert werden können und dadurch den Vorfluter belasten oder
- bei Direkteinleitern den Vorfluter direkt unerwünscht belasten können.

Da durch die Abwasseranlage Schadstoffe aus dem Abwasser eliminiert werden müssen, ist es erforderlich, diese **vor** Planungsbeginn genau zu erfassen. Dazu gehört auch, zu wissen, in welcher Form die Schadstoffe vorliegen. Das Spektrum von unerwünschten Abwasserinhaltsstoffen in Abwässern aus wässrigen Reinigungsverfahren setzt sich zusammen aus

Bestandteilen von Badzusätzen wie z.B.:

- alkalisch oder sauer reagierende Salze
- Komplexbildnern
- organische Korrosionsschutzmittel

Bestandteilen von Verschmutzungen des Reinigungsgutes, z.B.:

- emulgierte Öle und Fette
- freie Öle und Fette
- Wachse, Konservierungsmittel
- sonstige Kohlenwasserstoffe (Lösemittel etc.)
- Zusätze aus Kühlschmiermitteln
- Salze
- feste, unlösliche Verunreinigungen

und Bestandteilen des Grundwerkstoffs

- Metallsalze (Cr, Fe, Zn, etc.) in gelöster oder teilweise ungelöster Form.

Daß die Grenzkonzentrationen so gut wie immer nicht durch Verdünnung mit anderen Abwässern eingestellt werden dürfen, sondern effektive, frachtvermindernde Maßnahmen ergriffen werden müssen, dürfte mittlerweile allgemein bekannt sein. Für die geforderten Maßnahmen steht nun eine große Palette von Behandlungsverfahren zur Verfügung, die einzeln oder in Kombination die gewünschten Ergebnisse liefern. Die Auswahl der geeigneten Verfahren oder Verfahrenskombinationen sollte heute immer unter der Berücksichtung von Kreislaufführungen erfolgen, da diese, neben wirtschaftlichen Aspekten (Wasser-, Chemikalieneinsparung) auch den Vorteil bieten, daß teure Beprobungen im Rahmen der Eigenkontrolle oder der behördlichen Überwachung entfallen, und eine Verschärfung von Grenzwerten keine Nachrüstungen erfordern.

Abwasserbehandlungsverfahren werden in physikalische und chemische Verfahren unterschieden.

### 8.5.1 Physikalische Abwasserbehandlungsverfahren

Die physikalischen Verfahren nutzen physikalische Eigenschaften der Stoffe, wie Dichte, Siedepunkt und Teilchengröße, um Verunreinigungen aus dem Abwasser abzuscheiden. Dies hat gegenüber chemischen Verfahren den Vorteil, daß keine zusätzlichen Stoffe dem Abwasser zugegeben werden müssen, die Rückstandsaufkommen und Salzfracht des gereinigten Abwassers erhöhen. Allerdings reichen diese Verfahren häufig nicht aus, um die geforderten Grenzwerte einzuhalten, das bedeutet, daß sie dort mit chemischen Verfahren kombiniert werden müssen.

Als Ergänzungen zu chemischen Verfahren sind sie meist unverzichtbar, um

- störende Verunreinigungen vorab abzuscheiden und dadurch den Aufwand in der chemischen Stufe zu verringern oder um einen störungsfreien Betrieb erst zu ermöglichen.

- chemisch gespaltene (gefällte) Verunreinigungen abzutrennen.

Folgende physikalische Verfahren kommen bei Abwässern aus der wässrigen Reinigung zum Einsatz:

- Sedimentations- und Flotationsverfahren
- Zentrifugalverfahren
- Filtrationsverfahren
- Membranverfahren (Querstromfiltrationsverfahren)
- Adsorptionsverfahren
- Thermische Verfahren (Eindampfen)

#### I. Sedimentationsverfahren

Sedimentationsverfahren sind die ältesten Abwasser-reinigungsverfahren überhaupt. Diese Verfahren nützen die Schwerkraft und die höhere Dichte von Abwasserinhaltsstoffen, um diese zum Absetzen zu bringen.

Als Anlagen dazu werden eingesetzt:

- Schrägklärer
- Kratzbehälter
- Absetztanks
- Absetzbecken aller Art

Einsatzgebiete dafür sind die Vorabscheidung von Feststoffen (Späne, Sand) sowie die Abscheidung chemisch gefällter und geflockter Inhaltsstoffe.

Die dabei anfallenden Schlämme haben noch einen hohen Restwassergehalt und sind ohne weitere Entwässerung meist nicht deponiefähig. Sie müssen an der Anfallstelle oder beim Entsorger weiter entwässert werden.

**II. Flotationsverfahren**

Flotationsverfahren arbeiten, wie Sedimentationsverfahren unter Ausnutzung von Dichteunterschieden und Schwerkraft, nur werden die Verunreinigungen als leichte Phase abgezogen. Bei ausreichender Aufenthaltszeit können freie Öle in einfachen Anlagen abgeschieden werden. Beim Auftreten feinster Öltröpfchen, z.B. aus Hochdruck-Reinigungsverfahren, können diese in Koaleszenzeinrichtungen zusammengelagert werden und dadurch schneller aufschwimmen.

Um den Aufschwimmeffekt massiv zu unterstützen oder gar erst einzuleiten, werden in sogenannten Flotationsanlagen elektrisch, oder durch Einleiten einer entspannten Luft-Wasser-Dispersion feinste Luftbläschen erzeugt, die sich dann an die ungelösten Verunreinigungen (Öle, geflockte Salze) anlagern und den Auftrieb verstärken. Das aufgeschwommene Flotat kann dann kontinuierlich von der Badoberfläche abgezogen werden, der Klarwasserabzug erfolgt vom Boden der Vorrichtung.

Anlagen für Flotationsverfahren:

- Leichtflüssigkeitsabscheider
- Phasentrennbehälter
- Entspannungsflotationsanlagen
- Elektroflotationsanlagen

Einsatzgebiete sind die Abscheidung freier (nicht-emulgierter) Öle, Fette und Wachse, die Abscheidung von gefällten und geflockten Verunreinigungen, sowie die Entfernung von Schwebstoffen.

Entspannungs- und Elektroflotationsanlagen sind aufwendige Einrichtungen, die sinnvoll nur bei großem Abwasseraufkommen einzusetzen sind.

**III. Zentrifugalverfahren**

Die Zentrifugalverfahren nutzen, wie Sedimentations- und Flotationsverfahren, Dichteunterschiede der Abwasserinhaltsstoffe. Hier wird jedoch nicht mit der Schwerkraft gearbeitet, sondern mit Zentrifugalkräften, die ein mehrtausendfaches der Schwerkraft betragen können. Dadurch läuft der Trennvorgang unvergleichlich schneller ab, so daß auf kleinstem Raum große Abscheideleistungen realisierbar sind.

Je nach Ausführung der Separatoren können zwei oder drei Phasen gleichzeitig voneinander getrennt werden, also auch Öl und ungelöste Feststoffe in einem Arbeitsgang.

Als Zentrifugen häufig werden Tellerzentrifugen und Zentrifugendekanter eingesetzt. Einsatzgebiete sind:

- Pflege von Reinigungs- und Spülbädern beim Vorliegen freier Öle
- Entfernung von Feststoffen und freien Ölen vor weiterer Abwasserbehandlung

Zu beachten ist, daß stabile Ölemulsionen nicht getrennt werden können.

**IV. Gleichstromfiltrationsverfahren**

Filtrationsverfahren können am Anfang und Ende der Abwasserbehandlung stehen. Sie trennen ungelöste Verunreinigungen aus dem Abwasser durch Einlagerung in das Filtermaterial oder in den entstehenden Filterkuchen ab, die Durchströmung kann unter Schwerkraft oder erhöhtem Druck erfolgen. Als Filtermaterialien stehen unterschiedlichste Stoffe zur Verfügung, z.B. Kies, Papier, Textilien, Metallgewebe.

Gebräuchliche Apparate dazu sind:

- Bandfilter
- Kammerfilter
- Sackfilter
- Saugbandfilter

Die Einsatzgebiete sind vielfältigst:

- Entwässerung von Dünnschlämmen (Kammerfilter)
- Vorfilterung vor anderen Trennverfahren (Bandfilter, Sackfilter)

**V. Membranverfahren (Querstromfiltrationsverfahren)**

Membranverfahren sind Filtrationsverfahren, bei denen das Filtrat quer zur Strömungsrichtung des Schmutzwassers an asymmetrischen Membranen aus Kunststoff- oder Keramikwerkstoffen abgeschieden wird. Zur Reinigung von ölbelasteten Abwässern aus der wässrigen Reinigung hat das Ultrafiltrationsverfahren die größte Verbreitung gefunden. Da bei diesem Verfahren nur Öle und

Fette (auch emulgierte) zurückgehalten werden, die Salze aus Reinigungzusätzen jedoch im Filtrat wieder vorliegen, ist dieses Verfahren zur Kreislaufführung von Reinigungsbädern geeignet.

Im Gegensatz zur herkömmlichen Gleichstromfiltration, bei der sich die abgeschiedenen Partikel in der Tiefe des Filtermaterials absetzen und mit zunehmender Belegung den Strömungswiderstand vergrößern, bleiben bei der Membranfiltration die zurückgehaltenen Stoffe auf der Oberfläche der Membran. Diese Oberflächenbelegung würde allerdings die Filtrierleistung reduzieren. Um eine Belegung zu verhindern, wird in den sogenannten Modulen (Modul = Membran als Filtrationselement) eine starke turbulente Strömung, auch Cross-Flow genannt, erzeugt, die die Ablagerung abgeschiedener Stoffe verhindert. Die Membranstruktur ist asymmetrisch, d.h. die Porengröße und damit auch die Durchlässigkeit nimmt filtratseitig zu. Damit wird gewährleistet, daß Partikel, die schmutzwasserseitig in die Membran eindringen konnten, ohne weitere Behinderung tiefere Schichten passieren können.

Durch permanente Kreislaufführung des Schmutzwassers entlang den Membranen, konzentrieren sich die zurückgehaltenen Stoffe im Kreislauf auf. Man spricht vom sogenannten Retentat. Das Filtrat wird bei Membranverfahren als Permeat bezeichnet.

Eine Abstimmung von Membranwerkstoff, Modulbauart und Strömungsverhältnissen auf das vorliegende Schmutzwasser ist in jedem Fall erforderlich. Mangelnde Verträglichkeit zwischen Membranwerkstoff und Abwasserinhaltsstoffen können zu irreversiblen Verblockungen der Membran führen. Gute Erfahrungen liegen bei Membranwerkstoffen aus fluorierten Kunststoffen (PTFE, PVDF) und Keramikwerkstoffen vor. Preisgünstigere Polysulfonmembranen werden nur mit Einschränkungen empfohlen, da häufige Bestandteile des Salzgerüstes von Reinigern (z.B. Silikate) leicht zu irreversiblen Verblockungen führen können.

Die Wahl der richtigen Modulausführung, die die Anströmungsverhältnisse stark beeinflußt, ist ebenfalls für die Leistungsfähigkeit der Anlage außerordentlich wichtig. Leider werden darüber heute noch "Glaubenskriege" geführt, je nachdem, welchen Typ der Anlagenbauer gerade im Programm hat. Da jeder Modultyp Stärken und Schwächen aufweist, kann die optimale Lösung nur durch Versuche mit repräsentativer Badlösung ermittelt werden.

Sehr wichtig für die Dauerleistung der Anlage ist eine sorgfältige Vorabscheidung von festen Verunreinigungen und freien Ölen, letztere kann auch in einem kommunizierenden Beruhigungsabteil des Kreislaufbehälters erfolgen.

Die Einsatzgebiete der Ultrafiltration bei der Behandlung von Reinigungsbädern sind groß und lassen sich folgendermaßen zusammenfassen:

- Aufbereitung von ölbelasteten Reinigungsbädern
- Vorbehandlung von ölhaltigen Emulsionen zur Einleitung in den Kanal; da Salze nicht zurückgehalten werden, ist in vielen Fällen anschließend eine chemische Behandlung (Neutralisation, Fällung etc.) erforderlich.

Weitere Membranverfahren sind:

Die **Mikrofiltration** arbeitet ähnlich wie die Ultrafiltration, jedoch dient es eher zur Abscheidung von feinsten, festen Verunreinigungen. Die Ölgehalte von Retentaten aus Mikrofiltrationsanlagen überschreiten häufig die Einleitungsgrenzwerte, so daß dieses Verfahren bei der Trennung von Ölemulsionen keine weite Verbreitung gefunden hat.

Die **Umkehrosmose** arbeitet mit halbdurchlässigen (semipermeablen) Membranen, die Salze zurückhalten, Wasser jedoch passieren lassen. Da Salzlösungen bis zu einem gewissen Druck Wasser durch halbdurchlässige Membranen "anziehen" (geplatzte Kirsche nach Regen), muß dieser Druck (osmotischer Druck) konzentratseitig überwunden werden, damit wird der Vorgang umgekehrt.

Die größte Verbreitung hat dieses Verfahren bei der Gewinnung von VE-Wasser gefunden, da es, im Gegensatz zu Ionenaustauschern abwasserneutral arbeitet. In der Abwassertechnik ist es jedoch auch bei der Nachreinigung schwermetallhaltiger Permeate zu finden.

### VI. Adsorptionsverfahren

Adsorptionsverfahren sind Filterverfahren z.B. mit Aktivkohle als Filterwerkstoff. Dabei wird die Eigenschaft von Aktivkohle genutzt, organische Verbindungen (Öle, CKW, etc.) weitaus stärker zu binden, als Wasser und anorganische Salze. Die Aufnahmefähigkeit der Aktivkohle ist jedoch begrenzt, eine Rückspülung ist nicht möglich, so daß die erschöpfte Filtermasse fremdentsorgt oder zur Regenerierung werden muß.Aus diesem Grund wird dieses Verfahren nur bei organisch schwach belasteten Abwässern zur Nachreinigung eingesetzt.

### VII. Thermische Verfahren (Eindampfverfahren)

Neben den Verbrennungsverfahren, die für die Abwasserbehandlung vor Ort nicht in Frage kommen, zeigen rein physikalisch arbeitende Eindampfverfahren gute

Einsatzmöglichkeiten bei der Behandlung von Abwässern aus der wässrigen Reinigung. Unterschiedliche Siedepunkte von Wasser und seinen Verunreinigungen ermöglichen eine Abtrennung des Wassers durch Eindampfen. Ein wirtschaftlicher Betrieb dieser Verfahren ist in Anlagen möglich, die zur Absenkung des Siedepunkts mit evakuierten Verdampfungskammern arbeiten und einen Großteil der Verdampfungswärme dem Prozeß wieder zuführen.

Als interessanteste Bauart werden nachfolgende Verdampfer vorgestellt, die nach dem Brüdenverdichter-Prinzip arbeiten. In diesen Anlagen wird der Unterdruck durch Verdichterpumpen erzeugt. Der abgesaugte Wasserdampf (Brüden) wird anschließend wieder verdichtet und die dabei freiwerdende Wärme über Wärmetauscher der Schmutzwasservorlage (Feed) wieder zugeführt. Je nach Verhalten der Konzentrate werden diese beim Überschreiten vorher ermittelter Parameter (Siedepunkt, Viskosität, Dichte) ausgestoßen und entsorgt (z.B. Öle) oder weiter entwässert (Salze).

Die Destillate haben meist eine ausgezeichnete Qualität und bieten dadurch Verwendungsmöglichkeiten zum Neuansatz von Bädern, für Spülvorgänge (VE-Spülen) oder zum Ausgleich von Verdampfungsverlusten in Reinigungs- und Spülbädern. Die Möglichkeiten der Wiederverwendung sollten auf jeden Fall Vorrang vor einer Einleitung haben.

Da die Verdampferleistungen im Vergleich zu Leistungen anderer Abwasserbehandlungsverfahren gering sind, ist ein sinnvoller Einsatz nur für stark belastete oder aufkonzentrierte Abwässer gegeben:

- Aufkonzentrieren von Waschemulsionen oder Retentaten aus der Membranfiltration

- Aufkonzentrieren von hochbelasteten Spülwässern aus Kaskadenspülen (1. Spülbad) mit Wiederverwendung im letzten Bad

### 8.5.2 Chemische Abwasserbehandlungsverfahren

Bei chemischen Abwasserbehandlungsverfahren werden die chemischen Eigenschaften des Abwassers sowie seiner Inhaltsstoffe verändert, mit den Zielen:

- schädliche Stoffe in unschädliche umzuwandeln (Chromat-, Zyanid-, Nitritentgiftung),

- die Löslichkeit von Salzen zu senken und die Abscheidefreundlichkeit der ausfallenden Stoffe zu erhöhen (Fällung, Flockung),

- stabile Emulsionen durch Zerstörung der Emulgatoren zu spalten (chemische Spaltung),

- extreme pH-Werte, die zu einem Angriff von Anlagen- und Kanalbauteilen führen würden, zu korrigieren (Neutralisation),

- Schwermetallionen gezielt abzuscheiden (Selektiv-Ionenaustausch).

Im Rahmen dieses Kapitels werden jedoch nur die, für die Abwässer aus wässrigen Reinigungsanlagen wichtigsten chemischen Verfahren betrachtet. Da chemische Verfahren meist zu erhöhtem Abfallaufkommen und Aufsalzung des Abwassers führen, sollten diese Verfahren generell nur dort eingesetzt werden, wo sie unverzichtbar sind oder physikalische Verfahren nur mit unsinnigem Aufwand betrieben werden können.

**I. Neutralisation**

Neutralisationsverfahren dienen der Korrektur von pH-Werten, wobei das Neutralisationsziel nicht immer ein pH-Wert um pH 7 sein muß. Oft werden in Neutralisationsstufen auch pH-Werte eingestellt, die ideale Bedingungen für weitere chemische Reaktionen wie Fällung, Emulsionsspaltung und Entgiftung darstellen.

Grundausstattung einer Neutralisationsanlage ist, neben dem Reaktionsbehälter, eine pH-Meßeinrichtung, Dosiereinrichtungen und Rührwerk. Bei den Dosiereinrichtungen ist darauf zu achten, daß Dosiermenge und Regelverhalten dem chemischen Reaktionsverlauf angepaßt sind. Günstig hierfür sind Proportionalregler, die die Dosiermenge proportional zur IST/SOLL-Wert-Differenz regeln. Dadurch werden Überdosierungen wirksam vermieden.

Neutralisationsanlagen arbeiten im Durchlauf- oder Chargenverfahren. Die Durchlaufanlagen sind nur für große Abwassermengen zu empfehlen und bieten nicht die Betriebssicherheit von Chargenanlagen, da dort vor dem Ablassen jeder Charge eine Nachkontrolle erfolgen kann.

Gängige Neutralisationschemikalien sind Natronlauge, Kalkmilch, Schwefelsäure und, mit Einschränkungen, auch Salzsäure. Dabei ist zu bemerken, daß Kalkmilch zur Bildung von schwer löslichen Kalziumsalzen führt(Schlammbildung). Wo dieser Effekt nicht erwünscht wird, ist Natronlauge vorzuziehen (höhere Löslichkeit von Natrium-Salzen, Applikationsvorteile).

Die Einsatzgebiete bei Abwässern aus der wässrigen Reinigung sind vor allem die Neutralisation saurer oder alkalischer Eluate, die Neutralisation von Eluaten aus der VE-Wassergewinnung sowie die Metallfällung.

**II. Emulsionsspaltung**

Chemische Emulsionsspaltverfahren sind bewährte Verfahren und werden im Bereich der Abwasserbehandlung meist in Kombination mit Fällung und adsorptiver Flockung eingesetzt. Als Spaltmittel dienen hierbei Aluminiumsalze, die freiwerdenden Öle und Fette werden dann mit Hilfe von Bentoniten adsorptiv gebunden und als Schlamm abfiltriert.

Die Chemikalien werden als Kombinationsspaltmittel fertig vorgemischt, meist von den Anlagenbauern geliefert. Bei zu hohen Gehalten von einfach fällbaren Metallen (z.B. Eisen) wirken diese Kombinationsspaltmittel auch als Fällungs- und Flockungsmittel zur Metalleliminierung. Dieser Vorgang kann allerdings nur ablaufen, wenn keine komplexhaltigen Reiniger verwendet werden. Komplexbildner "maskieren" nämlich Metallionen und halten diese selbst in pH-Bereichen in Lösung, in denen die Löslichkeiten ohne Komplexbildner äußerst gering wären.

Wegen den relativ großen Abfallmengen, die bei diesen Verfahren erzeugt werden, ist im Sinne des Abfallvermeidungsgebots ein sinnvoller Einsatz heute nur noch bei schwach belasteten Abwässern mit unspezifischer Zusammensetzung (z.B. Fahrzeugwaschanlagen, -werkstätten) evtl. als Nachreinigungsstufe zu sehen. Die Aufsalzung des Abwasser durch die Aluminiumsalze verhindert dazu Kreislaufführungen.

Ein alternatives Spaltverfahren, das keine Aufblähung des Rückstandsvolumens und keine Aufsalzungen des behandelten Abwassers zur Folge haben soll, ist die chemische Spaltung mit Polyaminen, die kationischen Ladungscharakter aufweisen. Da dem Referenten zu diesem Verfahren eigene Erfahrungen fehlen, wird auf den Hersteller dieser Spaltprodukte, die Henkel KGaA, Düsseldorf, verwiesen (Stichwort: P3-ferrolin).

**III. Selektiv-Ionenaustauscher**

Für den Fall, daß die behandelten Abwässer noch geringe Mengen an Schwermetallen enthalten, bietet sich die abschließende Reinigung des Abwassers im Kationenaustauscher an, deren Harze eine abgestufte Selektivität für Schwermetallionen aufweisen. Durch diese Selektivität wird verhindert, daß harmlose Metallionen, wie z.B. Natrium oder Kalzium, den Austauscher belasten. Allerdings sind die bei der Regenerierung anfallenden Eluate selbst wieder schwermetallhaltig und müssen in geeigneten Anlagen behandelt werden. Bei geringem Regenerationsbedarf erfolgt dies sinnvollerweise durch Unternehmen die beladene Harze im Austausch regenerieren (z.B. Dornier/Inovan).

## 8.6 Maßnahmen zur Abwasservermeidung

Der abwasserfreie Betrieb von wässrigen Reinigungsanlage ist, obwohl wünschenswert, nicht immer realisierbar. Jedoch sollten bei der Planung eines Konzepts Vermeidungsmaßnahmen im Sinne einer Abwasserreduzierung hohe Priorität eingeräumt werden.

- Geringe Abwassermengen mit hoher Belastung können mit interessanten Verfahren (z.B. Eindampfen) wirtschaftlich behandelt werden.

- Bei erreichter Abwasserfreiheit entfallen teure Beprobungen durch die Aufsichtsbehörden.

- Mehrfachverwendung von aufbereiteten Prozeßbädern erbringen Einsparungen bei den Chemikalienkosten.

- Einsparungen von Frisch- und Abwassergebühren helfen mit, die Investitionen zu armortisieren.

- Gesetzlichen Vorgaben nach sparsamer Verwendung von Wasser und nach Kreislaufführungen werden erfüllt.

Der letzte Punkt ist vielen Betrieben noch nicht bewußt, da behördlicherseits noch ein enormes Vollzugsdefizit besteht. Dies ändert jedoch nichts an der Tatsache, daß diese Forderungen vorliegen und bei Nichtbeachtung später zu teuren Nachinvestitionen führen können.

### 8.6.1 Hinweise für die Gestaltung abwasserarmer/-freier Reinigungssysteme

Für die Gestaltung abwasserarmer/-freier Reinigungssysteme gibt es keine Patentrezepte. Bei Beachtung nachfolgender Empfehlungen ist jedoch eine optimierte Lösung im Einzelfall zu erstellen.

**I. Standzeitverlängernde Maßnahmen bei Aktivbädern**

- Vorlieferanten oder innerbetriebliche Vorfertiger auf Vermeidung übermäßiger Verunreinigungen hinweisen.

- Reiniger mit hohem Öl- und Schmutzaufnahmevermögen verwenden.

- Badbehälter mit Überlaufrinnen zum Entfernen von freiem Öl ausrüsten, nur temporär emulgierende Reiniger verwenden.

- Abwasserbehandlungsverfahren mit Eignung zur Kreislaufführung installieren, z.B. Ultrafiltration, Zentrifugen.

- Bei stark verschutzten Teilen möglichst 2-stufig reinigen, Bad 1 hoch belasten und dann durch Bad 2 ersetzen.

**II. Wassersparende Maßnahmen bei Spülbädern**

- Wasserverluste in Aktivbädern aus nachgeschalteten Standspülen ergänzen.

- Wasserverluste in Standspülen durch feines Abdüsen des Reinigungsgutes über dem Bad mit Wasser aus der nachgeschalteten Spüle ergänzen.

- Kaskadenspültechnik bei Fließspülen vorsehen.

- VE-Wasser für Spülzwecke möglichst mit verbrauchtem Spülwasser aufbereiten.

- Vermeidbare schöpfende Geometrien bereits bei der Konstruktion berücksichtigen.

- Alkalität des Reinigers der Reinigungsaufgabe anpassen.

- Spülen nach sauren und alkalischen Aktivbädern in gemeinsamer Standspüle, damit sich die Badinhaltstoffe gegenseitig neutralisieren.

Es können sicher nicht alle o.g. Hinweise im Einzelfall berücksichtigt werden, bei einer Kombination aller Hinweise miteinander würde der Aufwand vermutlich in keinem vernüftigen Verhältnis mehr zum Ergebnis stehen. Erfreulicherweise können jedoch schon durch einzelne Maßnahmen wirksame Verbesserungen bei der Reduzierung des Wasserbedarfs und damit auch des Abwasseranfalls eintreten.

# 9 Innerbetriebliche Vorgehensweise zur Durchführung von Maßnahmen

Dr.-Ing. J. Lieback

Aus der täglichen Beratungspraxis für Anwender von Lösungsmitteln haben wir versucht, ein strukturiertes Vorgehen abzuleiten, daß praktisch auf alle wesentlichen Fälle in der Industrie anzuwenden ist. Dadurch soll jederzeit eine hohe Qualität der Beschreibung und Lösung eines Problems erreicht werden. Ein strukturiertes Vorgehen ist Voraussetzung, um in kurzen Zeiträumen detaillierte Materialsammlungen anzulegen und exakte Problemanalysen durchführen zu können. Erst diese machen eine Durchführung geeigneter Maßnahmen bei vertretbarem Kostenaufwand und hoher Erfolgsquote möglich.

Zielvorstellung ist es, interessierten Betrieben zu helfen, ihre mit der Verwendung von Lösungsmitteln einhergehenden Probleme durch behördliche Auflagen, den Arbeitsschutz oder kommende Gesetzesvorhaben grundsätzlich anzugehen und dauerhaft zu lösen. Dies alles muß in einer Form geschehen, die die Substanz oder gar Existenz eines Unternehmens nicht gefährdet. Im Gegenteil: Ziel soll es sein, die Strukturen zu straffen und den Betrieb in diesem Bereich des Umweltschutzes von Belastungen frei zu halten, damit er sich auf den Markt der 90er Jahre konzentrieren kann.

Wir haben versucht, dieses Vorgehen, da wo es möglich ist, anhand von Checklisten zu dokumentieren. Das bedeutet jedoch keinesfalls, daß es immer notwendig sein wird, sich an diese zu halten. Jeder Betrieb und jeder Anwendungsfall verdient eine eingehende Einzelbetrachtung. Checklisten zur Datenaufnahme erlauben es jedoch, derartige Untersuchungen selbst durchzuführen oder aber das Vorgehen eines eingeschalteten Beraters zu bewerten, nachzuvollziehen und selbst qualifiziert mitzuarbeiten.

Abbildung 9.1 zeigt schematisch die im folgenden beschriebene Vorgehensweise.

Die Ausführungen sind prinzipiell gedacht als Anregung und Anleitung für neue betriebliche Gesamtkonzeptionen zum Einsatz und für die Anwendung von Lösungsmitteln jeder Art. Selbsverständlich läßt sich die vorgeschlagene Methodik jederzeit auf beliebige Einzelfälle der Anwendung in einem Unternehmen, wie sie beispielsweise Entfettungsbäder oder Oberflächenbehandlungsanlagen darstellen, reduzieren.

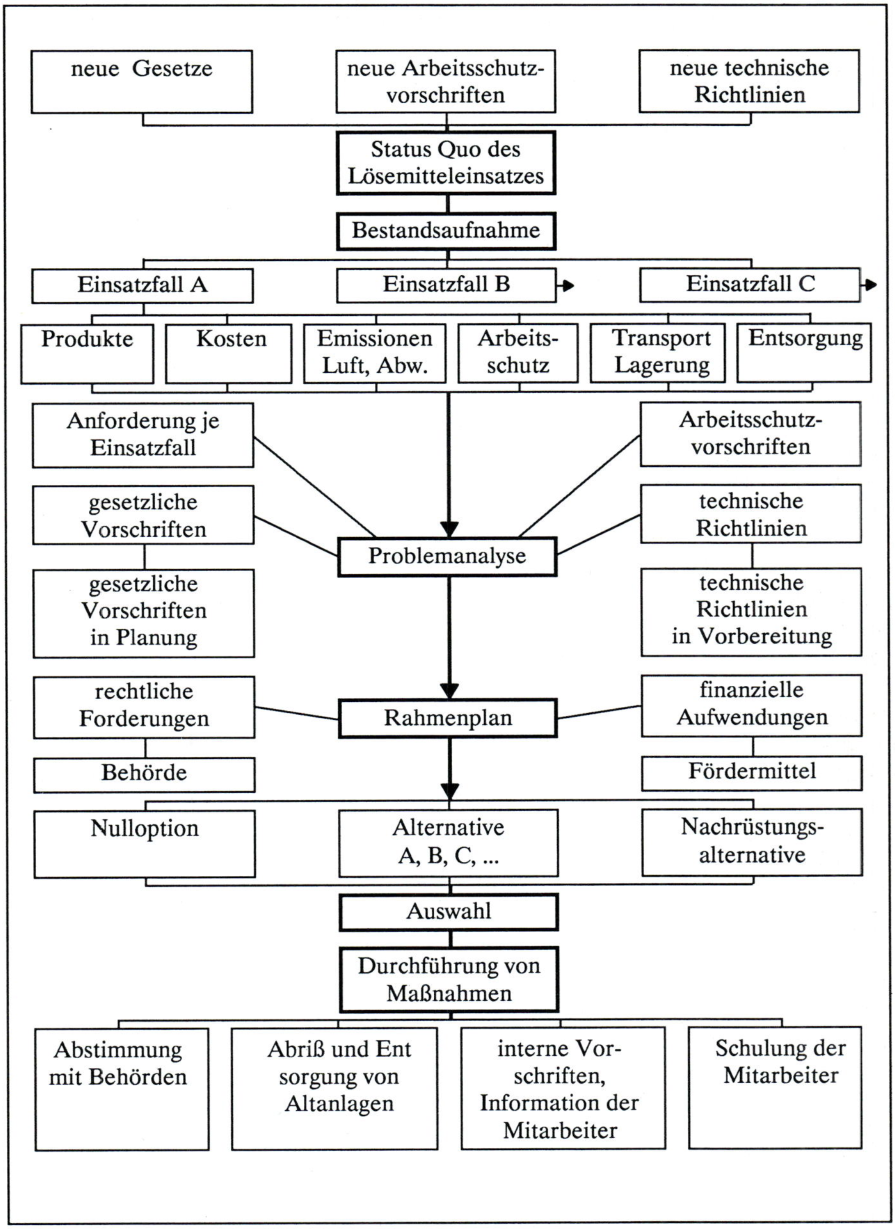


**Abbildung 9.1** Schematische Darstellung der Vorgehensweise

Zu Beginn eines jeden strukturierten und zielgerichteten Vorgehens steht die Bestandsaufnahme des Status quo. Das sind in diesem Fall alle Daten zur Verwendung von Lösemitteln im zu untersuchenden Betrieb beziehungsweise der zu modernisierenden Anlage.

## 9.1 Bestandsaufnahme

Am Anfang jeder Bestandsaufnahme steht das Aktenstudium und die möglichst ideenreiche und intelligente Beschaffung von Datenmaterial aus den vorhandenen Unterlagen. Als erstes sollten aus Einkaufslisten und aus einer Befragung der Mitarbeiter sämtliche industriellen Anwendungsfälle für Lösungsmittel in einem Betrieb aufgelistet werden (also nicht "Hände waschen", wohl aber "Teilereinigung mit Wasser und Seifen"). Dazu gehört die Zusammenstellung aller gegebenenfalls vorhandenen Sicherheitsdatenblätter der verwendeten Chemikalien und die Aufnahme der wesentlichen Daten in eine Produktmatrix.

In dieser sind neben der Lösungseigenschaft die wichtigsten Anforderungen an physikalische, chemische und biologische Eigenschaften der Lösungsmittel zusammenzufassen. Darunter fallen:

physikalisch: Dampfdruck, Siedepunkt, Flammpunkt, Zündtemperatur, Dichte

chemisch: Löslichkeit in Wasser und anderen Flüssigkeiten, Reaktionsverhalten gegenüber Säuren und Basen, Reaktionsprodukte bei thermischer Zersetzung, Abdampfrückstand

biologisch: MAK-Wert, Allergenfreiheit, toxische Wirkung

sonstiges: Rückfettung, Schmierung, rückstandslose Verdunstung

In diese Matrix gehört auch die Beurteilung der eingesetzten Produkte durch die Mitarbeiter sowie eine Angabe der Kosten für deren Anwendung und Entsorgung. Daten zur Entsorgung lassen sich ebenfalls aus Einkaufslisten, Abfallbegleitscheinen und der Befragung der Mitarbeiter ableiten.

Bereits aus dem Material dieses Bearbeitungsschrittes ergeben sich die ersten Fragen und lassen sich einige Schlüsse ziehen:

- werden für gleiche Einsatzfälle verschiedene Produkte verwendet und wenn ja, warum?

- wie hoch sind die spezifischen Versorgungskosten, wie hoch die Summe aus Ver- und Entsorgung der Substanzen?

- werden Mittel eingesetzt, deren Wirkung zu wünschen übrig läßt?

- werden immer alle Arbeitsschutzvorschriften beachtet?

- sind die Lager für Ver- und Entsorgung auf die physikalischen Eigenschaften der Substanzen abgestimmt und genügen sie entsprechenden gesetzlichen Anforderungen?

Zum Ende dieser Bestandsaufnahme muß der Erhebende seine Erkenntnisse und die wichtigsten Daten in einem kurzen Übersichtsbericht (an die Geschäftsleitung) zusammenzustellen. Dieser Bericht sollte als Anlage die ausgefüllte Matrix enthalten.

Unmittelbar an diese Bestandsaufnahme schließt sich die Analyse der möglichen Probleme, die sich bei der Verwendung der Lösungsmittel ergeben könnten, an. Aus Gründen der Zeitersparnis können diese beiden Schritte aber auch bedingt verzahnt und parallel bearbeitet werden.

## 9.2 Problemanalyse

Die Problemanalyse beginnt mit einer kurzen Darstellung der je nach Produkt und Anwendungsfall in Frage kommenden gesetzlichen Vorschriften und technischen Richtlinien. Dabei müssen auch sich bereits während der Bearbeitung abzeichnende Entwicklungen sowie die zur Novellierung anstehenden Vorschriften in die Überlegungen einbezogen werden. Das schafft für spätere Verbesserungsmaßnahmen Rechtssicherheit über einen größeren Zeitraum von wenigstens 10 - 15 Jahren.

Beispielhaft gilt das für den Entwurf der neuen 2. BImSchV (Verordnung zur Emissionsbegrenzung von leichtflüchtigen Halogenkohlenwasserstoffen), die die Emissionswerte für halogenierte Kohlenwasserstoffe aus bestimmten Anlagen nochmals drastisch senken wird. Hinweise zu den wesentlichen sich aus dieser Analyse ergebenden Maßnahmen für eine korrekte Lagerung, Anwendung, Entsorgung und dem dabei zu beachtenden Arbeitsschutz sollten in Stichworten Aufnahme in die Produktmatrix finden.

Als nächster Schritt folgt eine exakte Definition der Anforderungen, die Lösemittel in den verschiedenen Einsatzbereichen zu erfüllen haben. Dazu gehören physikalische Bedingungen, wie beispielsweise die Unbrennbarkeit, Forderungen bezüglich des Flammpunktes oder ihrer thermischen und chemischen Stabilität, des pH-Wertes bei Lösung in Wasser, aber auch die Lösungs-, Verdampfungs-, Schmier- oder Rückfettungseigenschaften. Ferner gehören dazu Reinigungsanforderungen, die Konsistenz bei der Anwendung (z.B. Flüssig- oder Dampfphase) sowie Vorschriften zur Lagerung und das Gefahrenpotential (z.B. bei thermischer Zersetzung). Diese Daten sollten vorzugshalber wieder in einer Verwendungsmatix erfaßt werden.

Dabei muß außerdem eine Klassifizierung der geforderten Eigenschaften in "unverzichtbar" und die "nice to have one's" erfolgen, um für die weitere Bearbeitung Beurteilungsspielräume zu schaffen.

Auch nach dieser Phase können direkt einige Folgerungen abgeleitet und Schlüsse gezogen werden:

- was darf zukünftig überhaupt noch verwendet werden, gibt es generelle Verbote, Einschränkungen zum Gebrauch (geschlossene Systeme)?

- sind Änderungen im Arbeitsschutz nötig, wie aufwendig werden diese Maßnahmen?

- erfüllen die eingesetzten Mittel überhaupt die gestellten Anforderungen?

- gibt es auf dem Markt Produkte, die die Anforderungen erfüllen?

Liegen alle Daten über den Status quo und die vorläufige Definition der Lösungs- oder Reinigungsprobleme auf dem Tisch, so kann die eigentliche Ingenieurarbeit beginnen. Sie verlangt vom Bearbeiter oder Berater ein großes Maß an Erfahrung, einen Schuß Kreativität und das Ablegen jeglicher Scheuklappen vor neuen oder unkonventionellen Lösungen und Ideen oder gar vor Eingriffen in den bisherigen Betriebsablauf.

## 9.3 Rahmenplan

Aus den bisher vorliegenden Daten und Randbedingungen können nunmehr Forderungen und Wünsche für die zukünftige innerbetriebliche Vorgehensweise abgeleitet werden, beispielsweise:

- Reduzierung oder Begrenzung der Kosten für die Ver- und Entsorgung,

- Vereinheitlichung der Mittel für ähnliche Anwendungsfälle, gemeinsamer Einkauf größerer Mengen,

- Ersatz von bestimmten Produkten oder Einsatzstoffen aus rechtlichen oder finanziellen Gründen (dadurch:),

- Änderung der Produktion (da verschiedene Einsatzfälle ganz ausscheiden),

- Definition der gewünschten Eigenschaften von Lösungsmitteln sowie Aufstellung und Veröffentlichung betriebsinterner Positivlisten von Produkten, die für bestimmte Anwendungsfälle ausschließlich zugelassen werden,

- Vorgaben für die zukünftige Entsorgung zur Auswahl eines geeigneten Fachunternehmens,

- Ersatz z.B. von chlorierten Lösungsmitteln durch reine Aliphate oder wässrige Systeme,

- teilweiser Verzicht auf den Einsatz von Lösungsmitteln, Übergang zu anderen Reinigungsverfahren.

Dafür sind ähnlich gelagerte Einsatzfälle zu Gruppen zusammenzufassen und detailliert zu betrachten (z.B. Entfettung, allgemeine Reinigung, Lösungsmittel für Einsatzstoffe wie Farben, Oberflächenvergütung, Oberflächenbehandlung etc.). Hierzu sind nun allerdings keine allgemeinen Checklisten mehr aufstellbar. Vielmehr ist jeder Fall einzeln einer kritischen Prüfung zu unterziehen. Es können lediglich Beispiele angeführt und eine allgemeine Verfahrensweise vorgeschlagen werden.

Vorangestellt sei der Hinweis, daß heute praktisch alle Änderungen von Anlagen oder Verfahren, auch wenn sie dem Arbeits- oder Umweltschutz dienen, in irgendeiner Weise genehmigungspflichtig sind. Deshalb empfiehlt es sich, nach den ersten eigenen (juristischen) Recherchen im Zusammenhang mit der Ausarbeitung von Plänen, in Kontakt mit dem Gewerbeaufsichtsamt oder der Genehmigungsbehörde zu treten. Wir haben mit einem frühzeitigen Einstieg in die Diskussion mit Behörden die besten Erfahrungen gemacht. Dadurch kann sichergestellt werden, daß auch wirklich *alle* Vorschriften und die besonderen Interessen dieser Behörde frühzeitig berücksichtigt werden.

Ferner ist es von großer Bedeutung, sich bereits in diesem Planungsstadium Gedanken über eine geeignete Finanzierung von Modernisierungen zu machen. Insbesondere Zuschüsse und zinsgünstige Kredite als Teil der Finanzierung können erheblichen Einfluß auf die Entscheidung zugunsten der einen oder anderen Alternative haben. Beispielsweise kann eine an sich teurere Anlage wesentlich geringere Verbräuche aufweisen. Dies fällt dann besonders ins Gewicht, wenn die teurere Anlage gleichzeitig einen besseren Schutz der Umwelt bietet und daher bezuschußt werden kann.

Bei der Aufstellung eines Rahmenplans ist generell nach Alternativen zur bisherigen Verfahrensweise zu fragen. Diese Alternativen sind in einem möglichst schematisierten Verfahren (um objektiv zu bleiben) mit der bis dato geübten Praxis des Lösemitteleinsatzes zu vergleichen. Folgend sollen die wichtigsten dieser Alternativen vorgestellt werden.

**Nulloption**
(Ersatz durch andere Techniken oder durch Produktänderungen)

Am Beginn jeder Einzelfallprüfung muß die Frage stehen, ob auf den Einsatz eines halogenierten Kohlenwasserstoffs oder Lösemittels nicht zugunsten z.B. neuer oder anderer Techniken oder durch Produktänderungen gänzlich verzichtet werden kann. Nur die Auseinandersetzung mit dieser Frage durch den Betrieb wird alle Daten und Bedingungen zutage fördern, die es dann möglich machen, das finanzielle "Risiko" eines Einsatzverzichtes anzugeben. Die dadurch entstehenden Kosten können nun den Geldmitteln gegenüber gestellt werden, die im Falle einer Beibehaltung der Verfahrensweise oder gar des Produktes letztlich für sekundäre Verbesserungen aufgewendet werden müßten.

Die Aufgabe des Untersuchenden bzw. eines Beraters definieren wir dabei als *"Suche nach der Lösung mit dem geringstmöglichen finanziellen Einsatz unter langfristiger Erfüllung aller Auflagen und Verminderung von Umweltauswirkungen".*

Diese erste Alternative ist die sogenannte "Nulloption". Fragen, die sich beim Vergleich der Nulloption mit der bisherigen Praxis ergeben sind beispielsweise:

- gibt es modernere (Produktions-)Verfahren, wenn ja, lohnen sich Umstellungen, sind sie finanziell für ein Gesamtkonzept interessant, gibt es dafür Förderprogramme?

- kann auf das Produkt oder die Verfahrensweise ganz verzichtet werden, wenn ja, zu welchen Kosten oder Ertragseinbußen?

- kann das Produktdesign geändert werden zugunsten eines Wegfalls oder der Änderung des Lösemittel- bzw. F/CKW-Einsatzes, wenn ja, zu welchen Kosten und sind diese durch Marketingvorteile wie z.B. dem "blauen Engel" ggf. auszugleichen?

Scheidet die Nulloption aufgrund der Produktionsbedingungen, der Produktgestaltungen oder der hohen Ersatzkosten für andere Lösungen schon früh aus, oder ist ihre Durchführung sehr fraglich, so ist in die nächste Stufe der Alternativenprüfung einzusteigen.

**Ersatz**
(durch andere Lösungsmittelsysteme)

Es sind, wenn möglich, mehrere verschiedene Ersatzsysteme als Alternativen zur herkömmlichen Behandlung oder zum F/CKW- und Lösungsmittleinsatz herauszuarbeiten, zu überprüfen und zu vergleichen. Kriterien für einen derartigen Vergleich sind in erster Linie und etwa in dieser Rangfolge:

- Erfüllung gesetzlicher Auflagen und firmeneigener Umweltschutzziele, prinzipielles Einverständnis der Behörden,

- Gesamtkosten der Alternative (Materialeinsatz, Lagerung, Entsorgung, Arbeitsschutz) bezogen auf die heutige Produktion und im Hinblick auf die mittlere Planung (Stückkosten, Jahresnutzungskosten o.ä.),

- Praktikabilität und Einsatz in den bestehenden Gebäuden und Einrichtungen, Verwendung der vorhandenen Ausrüstungen und des Materials,

- Sicherheit der Entsorgung auch in der Zukunft,

- Akzeptanz bei den Mitarbeitern und dem Betriebsrat.

Zur Untersuchung kommen natürlich nur solche Alternativen, die prinzipiell den Anforderungen der Produktion und ihres Anwendungsfalls sowie den Vorschriften gerecht werden. Die hierzu erhobenen Daten und Argumente sollten wieder übersichtlich in Tabellenform dargestellt werden. Das erleichtert die Vergleiche und hilft der Unternehmensführung bei der Entscheidung.

Scheinen auch die betrieblichen Änderungen, die der Ersatz der bisherigen Verfahrensweise durch neuere mit sich bringt aus irgendwelchen Gründen für ein Unternehmen nicht tragbar zu sein, so sind die bis dahin aufgestellten und bewerteten Alternativen durch eine bisher noch nicht diskutierte zu erweitern: die Nachrüstungsalternative.

**Nachrüstungsalternative**
(Nachrüstung von z.B. geschlossenen Systemen)

Diese letzte Alternative ist unter den gleichen Gesichtspunkten zu betrachten und zu bewerten, wie die Alternativen des vorhergehenden Abschnitts "Ersatz". Dabei wird sich oft herausstellen, daß diese, allgemein als "einfachste" oder "am wenigsten aufwendige" Form des Eingriffs in bestehende Strukturen, geltende Alternative, genauso teuer ist und komplizierter sein kann, als die Alternativen zum Ersatz der herkömmlichen Verfahrensweise. Darüberhinaus ist ihre Wirkung oft von minderer Qualität und ihre Zukunftssicherheit meist miserabel.

Wohlgemerkt, dies *kann* oft der Fall sein. Teilweise gibt es aber keine andere Alternative als eine Nachrüstung bestehender Anlagen mit sekundären Rückhaltevorrichtungen. In Einzelfällen können auch diese so günstig und perfekt nachgerüstet werden, daß sich derartige Maßnahmen geradezu aufdrängen.

Ist schließlich eine Entscheidung gefallen, so geht es an die Umsetzung der Planungen. Allerdings will auch diese vorher reiflich überlegt und durchdacht sein. Anderenfalls können sich die Probleme bei der Umstellung häufen, oder die Maßnahmen scheitern bereits an der Akzeptanz oder der Unwissenheit nicht ausreichend informierter und in die Veränderungen einbezogener Mitarbeiter.

## 9.4 Durchführung von Maßnahmen

Die Durchführung von Verfahrens-, Produkt- oder Anlagenänderungen verlangt zuerst eine breite Beteiligung und Information aller durch die Modernisierungen berührten Mitarbeiter. Unter Umständen müssen z.B. umfangreiche Weiterbildungsmaßnahmen in Form von Kursen für die verschiedenen Arbeitsebenen veranstaltet werden. Der Betriebsrat ist zu informieren oder besser noch in die Diskussion einzubeziehen, um die Akzeptanz unter den Mitarbeitern von Anfang an zu erhöhen.

Wird eine Nulloption verwirklicht, so gleicht der Ersatz von Lösemitteln im Grunde anderen Produktionsumstellungen oder Änderungen aufgrund von Rationalisierungsinvestitionen. Entsprechend erfolgt die Abwicklung nach den Erfahrungen und Methoden, die im Unternehmen bisher eingesetzt werden. Sowohl bei diesen "Radikalmaßnahmen", als auch beim Ersatz eines Lösungsmittelsystems durch ein Neues, weniger kritisches, treten allerdings einige Probleme auf, denen rechtzeitig zu begegnen ist.

**Lösemittelreste**

Die Entsorgung von Lösemittelresten (frische Ware und gebraucht), dürfte durch die Auswahl eines geeigneten und seriösen Partners der Abfallbeseitigung noch eine der am einfachsten lösbaren Aufgaben sein.

**Ersatz von Maschinen- und Anlagenteilen**

Wesentlich problematischer ist die Beseitigung von Teilen alter Anlagen und Ausrüstungen, die mit Resten von Lösemitteln kontaminiert sein können. Oft ist darüberhinaus nicht bekannt, welche verschiedenen Produkte mit welchen Beimengungen und Verunreinigungen über die Betriebszeit der Anlagen eingesetzt wurden. Darin könnten z.T. gewisse "Altlasten" schlummern, wie beispielsweise Verunreinigungen mit Benzol, Phenolen, PCB's etc. Wohlgemerkt existieren diese Belastungen auch dann, wenn die Anlagen nicht abgerissen, sondern nur anders oder mit Umbauten genutzt werden.

Vor dem Abriß und Ersatz derartiger Altanlagen müssen deshalb, möglichst unter Beteiligung eines beratenden Gutachters, rechtzeitig Proben genommen werden. Nach deren Auswertung ist ein Abriß- (ggf. Dekontaminations-) und Entsorgungskonzept zu erstellen, das auch Arbeitsschutzvorschriften enthalten muß.

**Anlagengrundreinigung**

Wesentliche der oben gemachten Anmerkungen gelten entsprechend, wenn nicht abgerissen wird, sondern ein Lösemittelsystem (z.B. "Per" oder "Tri") durch ein Neues oder eine neue Kombination (Lauge/Seife oder Aliphat/Ultraschall) ersetzt werden soll. Hierbei sind ferner mögliche Unverträglichkeiten zwischen den alten und neuen Substanzen zu prüfen. Dadurch kann das Risiko unkontrollierter Reaktionen oder die Kontamination ansonsten recyclingfähiger Einsatzstoffe vermieden werden.

**Versuche**

Enthalten Ersatz- oder Austauschmaßnahmen stark innovative Elemente, so sollte es selbstverständlich sein nach Vorlaufversuchen beispielsweise im Labor oder im Technikum bereits während der Umstellung laufend weitere Versuche durchzuführen. Bei der Aufstellung neuer Anlagen oder dem Ersatz von Produkten können dann rechtzeitig Korrekturen in die laufende Planung integriert werden. Wird "nachgerüstet", so lassen beispielsweise laufende Messungen erkennen, ob die prognostizierten Emissionsminderungen eingehalten werden können oder doch nach einer anderen Alternative zu suchen ist. Rechtzeitige Information kann das Lehrgeld, das bei der Lösung spezieller Fälle immer zu zahlen sein wird, auf ein Minimum reduzieren.

**Berufsgenossenschaften und Betriebsanweisungen**

Vor Einführung von Neuerungen müssen rechtzeitig interne Vorschriften, Sicherheitsratschläge und Notfallmaßnahmen entworfen und bekannt gemacht werden. Sinnvoll sind als Vorbereitung auch Gespräche mit den Berufsgenossenschaften, ggf. dem Betriebsarzt und ein Studium der anzuwendenden Verordnungen und in Frage kommenden Rechtsvorschriften.

**Behörden**

Vorbereitend sollten - wie bereits erwähnt - in der Planungsphase Gespräche mit dem zuständigen Gewerbeaufsichtsamt und der Genehmigungsbehörde stattfinden. Nach Entscheidung des Betriebes für eine Lösung sollte diese vor Abgabe der Genehmigungsunterlagen möglichst mit der Behörde abgestimmt werden. Dadurch können die Planungen ohne die Gefahr wesentlicher Eingriffe oder eines Vetos von dieser Seite zügig vollendet und die Umrüstungen bereits in der Genehmigungsphase vorbereitet werden.

**Schulung**

Rechtzeitig vor Beginn jedweder Maßnahmen müssen die Mitarbeiter und ggf. der Betriebsrat informiert werden. Neue Verfahren oder Lösemittelsysteme können zwar die Aufwendungen für den Arbeitsschutz generell verringern, jedoch kann dieser ganz anderer Natur sein als bisher. Eine ausreichende Aufklärung und Schulung wird wesentlich zur Motivation der Mitarbeiter beitragen, auch etwas für den Umweltschutz zu tun. So kann beispielsweise der Übergang von einem Lösemittel, bei dem Teile nur in die Dampfphase gehalten werden, zu einem Produkt, bei dem auch mechanisch noch zu reiben, zu bürsten oder anderweitig nachzuhelfen ist, auf starken Widerstand der Mitarbeiter stoßen.

Obwohl die neue Vorgehensweise körperlich eigentlich nicht besonders anstrengend ist, ist sie dennoch vielleicht unbequemer als bisher und wird so leicht abgelehnt.

Im Extremfall kann dies dazu führen, daß Mitarbeiter sich ihre Lösemittel "heimlich", d.h. an der Geschäftsleitung vorbei, besorgen. Dies kann dann zur Folge haben, daß die anderen "reinen" Lösemittel durch diese selbst beschafften Produkte verunreinigt werden und damit die gesamte Entsorgung, zumindest aber eine kostengünstige Wiederverwertung, in Frage gestellt wird.

## 9.5 Schlußbetrachtungen

Als Berater ist man leicht geneigt, sich aufzudrängen und sein Wissen gegen eine Entlohnung "an den Mann" zu bringen. Wir wollen uns aber hüten hier den Allwissenden zu spielen. Nur ein Betreiber selbst kennt seine Anlagen, Verfahren und damit auch deren Probleme bis ins letzte Detail. Nur durch die Mitarbeit des Betreibers selbst kann deshalb eine für ihn optimale Lösung definiert und ein gangbarer Weg gefunden werden.

Ohne die aktive Mit- und Zuarbeit des auftraggebenden Betriebes muß deshalb jeder Berater scheitern. In einer vernünftigen Zusammenarbeit wird ein Berater nur wirklich das übernehmen müssen, wozu dem Betreiber die Zeit, die speziellen Fach- und Marktkenntnisse bezüglich der Alternativen oder der rechtliche Hintergrund fehlt. Der Berater muß in eine derartige Zusammenarbeit vor allem juristische und technische Kenntnisse über alternative Verfahren, Produktrezepturen, den Arbeitsschutz und die Entsorgung einbringen. Er ist ferner verantwortlich für eine Strategie zur schnellen Bearbeitung und kostengünstige Lösungen der anstehenden Aufgaben.

Das auf Erfahrung basierende strukturierte Vorgehen eines seriösen Beraters kann jedoch das Risiko teurer Irrwege, langer Umstellungszeiten oder die Einführung nur der zweitbesten Lösung erheblich verringern und wird dem Auftraggeber so letztlich erhebliche Kosten und viel Ärger ersparen.

# 10 Praxiserfahrungen beim Ersatz halogenierter Kohlenwasserstoffe

Dr.rer.nat. U. von Essen

Halogenkohlenwasserstoffhaltige Emissionen lassen sich durch Anlagennachrüstungen bzw. den Einsatz gesetzkonformer Neuanlagen mindern. Im Gegensatz zu diesen häufig diskutierten und praktizierten Maßnahmen, gibt die Analyse der Problematik eindeutige Hinweise, daß die schwerwiegensten Auswirkungen nicht im Bereich der Atmosphäre, sondern in der Verunreinigung des Bodens und damit des Grundwassers liegen. Eine Ausnahme bilden hier die FCKW.

Luftemissionen können weitgehend durch dem Stand der Technik entsprechende technische Mittel eingeschränkt werden. Damit kann der bestehenden Gesetzgebung Genüge getan werden. Hier ist eigentlich *nur* der Einsatz von Kapital für Anlagen-Nachrüstungen bzw. Neubeschaffungen notwendig. Der Eintrag in den Boden bzw. in das Grundwasser ist jedoch neben möglichem Technikversagen (Leckagen) auch von organisatorischen Maßnahmen, und damit von der Disziplin der Menschen, abhängig. Auch gesetzlich gestattete Restemissionen gelangen über den Regen überwiegend in das Grundwasser.

Durch Einstellung der Verbrennung auf Hoher See und mangelnder Verbrennungskapazität an Land, sind in jüngster Zeit auf dem Lösungsmittelmarkt Entsorgungsengpässe entstanden. Auch wenn diese z.B. durch gesetzlich geregelte Rücknahmepflichten gebrauchter halogenierter Lösungsmittel durch den Hersteller und/oder Vertreiber zurückgehen können, so bleibt für das Grundwasser dennoch eine erhebliche Belastung durch Kumulation. Dieses gilt gleichermaßen für FCKW als *Ozon-Killer*.

Das Risiko von Bodenverunreinigungen ist durch möglicherweise entstehende Sanierungsmaßnahmen mit unvorhersehbaren Konsequenzen für das Unternehmen verbunden. Es kann daher von starker wirtschaftlicher Bedeutung sein.

Diese Überlegungen führten in den deutschen Philips Unternehmen bereits vor sechs Jahren zu der Überzeugung, daß eine Abkehr vom Einsatz der Halogenkohlenwasserstoffe die vernünftigste Lösung sei. Die Vermutung, daß auf dem Wege der Lösungssuche auch wirtschaftliche Vorteile gefunden werden könnten, hat sich in vielen Fällen bestätigt.

Dieser Beitrag will daher exemplarisch an der Vorgehensweise der deutschen Philips Unternehmen darstellen, wie systematisch Ansätze für Ersatzstoffe bzw. Technologien gefunden werden können und hierzu einige Praxisbeispiele, sowie die damit verbundenen Schwierigkeiten und Probleme darstellen.

## 10.1 Fragenkatalog zur systematischen Vorgehensweise

Bei der systematischen Herangehensweise auf der Suche nach anderen Möglichkeiten sind die folgenden Fragestellungen im einzelnen durchzugehen:

1. Welche Halogenkohlenwasserstoffe werden eingesetzt?

- Tetrachlorethen ( chlorethylen, Per)
- 1.1.1.-Trichlorethan
- Dichlormethan (Methylenchlorid)
- Trichlorethen (Tri)
- 1.1.2-Trichlor-1.2.2-Trifluorethan und ähnliche FCKW

Trichlorethen (Tri ), Dichlormethan und Tetrachlorethen (Per) sind in der MAK-Liste mit "begründetem Verdacht auf krebserregende Eigenschaften" gekennzeichnet. Hier gebietet auch der Arbeitsschutz eine Vermeidung soweit wie möglich.

2. Welche Mengen werden pro Jahr eingesetzt?

Die Prioritäten für den Einsatz von Ersatzverfahren sollten sich nach der eingesetzten Menge, dem Gefährdungspotentials und der Verfügbarkeit anderer Methoden richten. Ebenso ist ein Vergleich notwendiger Investitionen und entstehender Betriebskosten der jeweiligen Verfahren zu führen.

3. Welches Ziel soll mit dem Arbeitsgang erreicht werden?

- Entfettung
- Reinigung von anhaftenden Materialresten aus mechanischer Bearbeitung
- Entfettung von Lack- und Kunststoffresten
- Trocknung (Wasserverdrängung)
- Leiterplattenwaschen (Lösung von Lötfluxmittel-Resten)
- Lösen von anderen organischen Materialien (Harze, Wachse, Lacke).

4. Welche Werkstoffe werden behandelt?

Hier spielen vor allem die Werkstoffe Stahl, Leichtmetall, Buntmetall und Kunststoff eine Rolle.

5. Für welche Folgeprozesse wird die Behandlung vorgenommen?

- Galvanisieren
- Lackieren
- Kleben
- mechanische Weiterbearbeitung
- elektrisch Messen
- Kunststoffbeschichten ("Coaten")
- Bedrucken

6. Sind diese Maßnahmen bzw. Prozeßschritte wirklich notwendig, ist es möglich, die Folgeprozesse ohne derartige Vorbehandlungen vorzunehmen?

   Beispiele:
   - Prozeßänderung durch Erhöhung der Anzahl von Entfettungsbädern in der Galvaniklinie, Einsatz von besser wirkenden, modernen Bädern
   - Einsatz anderer Lackierverfahren/Lackrohstoffe
   - Einsatz anderer Klebemittel (oder Verzicht auf Kleben, dafür mechanische Verbindung: Schrauben, Nieten, Schweißen).

7. Können Oberflächenverunreinigungen, die durch den Vorlieferanten oder eigene vorhergehende Prozesse auf das Material gebracht werden, vermieden, oder können andere Substanzen verwendet werden (z.B. Walzfette, Ziehfette, Korrosionsinhibitoren, Trennmittel, mechanische Bearbeitungsöle/-emulsionen)?

8. Zur Abschätzung des Gefährdungspotentials sollten die in Tabelle 10.1 übersichtlich zusammengestellten Kriterien herangezogen werden.

**Tabelle 10.1** Beurteilungskriterien zum Gefährdungspotential (0 unproblematisch, 1 mittel, 2 schlecht, 3 problematisch)

| Kriterium | | HKW | Ersatzstoff organisch | Ersatzstoff wäßrig |
|---|---|---|---|---|
| Fett- (Öl )-Lösungsvermögen | | 0 | 0 | 0 |
| Verluste (Siedepunkt, Dampfdruck) | | 3 | 1 ... 3 | 0 |
| Zersetzungsprodukte (z.B. korrosiv wirkend) | | 2 | 0 | 0 |
| Trocknungseigenschaften | | 0 | 0 | 2 |
| Arbeitssicherheit | | 2 ... 3 | 1 | 0 ... 1 |
| Feuergefahr | | 0 | 1 ... 3 | 0 |
| Lästigkeit (Geruch) | | 2 | 1 | 0 |
| Umwelt-verträglichkeit | Luft | 3 | 3 | 0 |
| | Abfall | 3 | 1 | 0 |
| | Abwasser | 3 | 1 | 1 |
| | Boden/Grundwasser | 3 | 1 | 0 |

9. Der Zusammenhang zwischen Ziel, möglichen Ersatzverfahren und zu beachtenden Problemen sollte, wie Tabelle 10.2 beispielhaft aufzeigt, untersucht werden:

**Tabelle 10.2** Ersatzverfahren - Möglichkeiten und Probleme

| Anwendungsziel | Mögliches Ersatzverfahren | Probleme |
|---|---|---|
| Entfettung | 1. wäßrig-alkalisch<br>2. Kohlenwasserstoffe (Petroleum, Benzine)<br>3. Alkohole, Ester, Ketone<br>4. thermisch | 1. Elektrolytreste Korrosion, Emulsionsspaltung, Ölabscheidung erforderlich<br>2. Brennbarkeit<br>3. Ex-Schutz |
| Reinigung mechanischer Reste | wäßriges System mit oberflächenaktiven Stoffen, Ultraschall, Schallverfahren (10 kHz) | Trocknung, Korrosion |
| Photoresist | alkalische Entwicklungssysteme | Verwendbarkeit als Ätzresist, Multilayer |
| Lackreste | 1. Alkohole (Glykole), Ketone, Ether, Ester<br>2. mechanisch durch "Wirbelschichten"<br>3. Plasma-Oxidation<br>4. Pyrolyse<br>5. Tieftemperatur | 1. Brennbarkeit (Ex-Schutz?)<br>2. Verfahrensgüte |
| Trocknung/Wasser verdrängung | Kohlenwasserstoffe, Alkohole (Glykole) | Brennbarkeit (Ex-Schutz?) |
| Leiterplatten von Fluxmitteln befreien | 1. Auftrag von Fluxmitteln minimieren<br>2. Verwendung von wasserlöslichen Fluxmitteln<br>3. Inertgaslöten | 1. Lötqualität<br>2. Bauteile müssen wasserverträglich sein |
| organische Materialien (z.B. Harze) lösen | Alkohole (Glykole), Ketone, Ether, Ester (Lösungsmittelgemische) | 1. kostenaufwendig (z.B. n-Methylpyrolidon)<br>2. Brennbarkeit |

10. Die Eigenschaften von Halogenkohlenwasserstoffen, bezogen auf die jeweiligen Einsatzgebiete, ermöglichen vielfach die Benutzung zentraler Einheiten für die verschiedensten Anwendungen. Dieser bequeme Weg muß bei Ersatz meistens verlassen werden, weil andere Lösungen den Werkstoffen und Verfahren individueller anzupassen sind. Daraus ergeben sich Konsequenzen für die Logistik.

- Welche Konsequenzen ergeben sich hieraus? Neue Materialströme?

- Ist es möglich, Ersatzverfahren so auszuwählen, daß das zentrale Prinzip weitgehend erhalten bleibt?

- Oder ist es sogar wirtschaftlich günstiger, zu dezentralisieren (Flexibilität) ?

11. Wirtschaftlichkeitsvergleich

Jede Maßnahme ist bezüglich der mit ihr verbundenen Investitionen, der Material- und Energiekosten sowie der auftretender Prüf-, Meß- und Dokumentationskosten zu betrachten. Ebenso notwendig ist eine Berücksichtigung der Entsorgungskosten, der durch Wasser-/Abwasser-aufbereitung entstehenden Kosten, sowie der Personalkosten.

12. Risikoabschätzung

Zu betrachten sind hierbei die möglicherweise auftretenden Risiken für Umwelt und Unternehmen.

Die Untersuchungen für die deutschen Philips Unternehmen ergaben, daß die Investitionen für Nachrüstung/Neubeschaffung von HKW-Anlagen bei weiterer Verwendung von Halogenkohlenwasserstoffen vergleichbar sind mit denen, die für Ersatzverfahren notwendig werden. Die Betriebskosten liegen ebenfalls in gleicher Größenordnung und zeigen einen Trend zu geringeren Kosten für die Ersatzverfahren, insbesondere bei Betrachtung der zukünftigen Entwicklung.

Absolut positiv zu bewerten ist jedoch der Abbau der Risiken für die Umwelt und der wirtschaftlichen Unternehmensrisiken.

Im folgenden sind Beispiele für Verfahrensumstellungen aus der Praxis der Philips Unternehmen angeführt:

## 10.2 Anwendungsbeispiele

### Entfettung

Vor der Verfahrensumstellung kamen hier die Halogenkohlenwasserstoffe Perchlorethen, Trichlorethen und 1.1.1.-Trichlorethan zum Einsatz.

Hier bieten sich derzeit folgende Ersatzmöglichkeiten:

1. wäßrig-alkalisches Verfahren: teilweise unter Einsatz der "Hydroson"-Technik (mit ca. 10 kHz pulsierende Strömung) und nachgeschalteter Ultrafiltration. Dem letzten Waschwasser können Inhibitoren als Korrosionsschutz zugesetzt werden. Eine anschließende Lufttrocknung ist möglich.

2. für kleine Teile und geringe Einsatzmengen von organischen Lösungsmitteln (Kohlenwasserstoffe, Alkohole, Ketone, Ester),

3. Phosphatierbäder werden gleichzeitg als Entfettungsbäder benutzt,

4. Erhöhung der Anzahl der Entfettungsbäder in den Galvaniklinien,

5. Intensität der Entfettung in Galvaniklinien wurde durch Auswahl stärker wirkender, mit höherer Fettaufnahmekapazität ausgestatteter Entfettungsmittel erhöht.

### Entfettung/Reinigung nach mechanischer Bearbeitung

Hier wurden vorher Perchorethen, Trichlorethen und 1.1.1-Trichlorethan verwandt. Jetzt bieten sich vor allem folgende Maßnahmen:

1. Mechanische Bearbeitungsemulsionen werden besser gefiltert. Die auf den Werkstücken verbleibenden geringen Mengen an mechanischen Verunreinigungen gestatten eine direkte mechanische Weiterbearbeitung ohne Zwischenreinigungsschritt.

2. Verwendung von flüchtigen Stanzflüssigkeiten,

3. Verwendung von wasserlöslichen, biologisch abbaubaren Stanz- und Ziehflüssigkeiten. Dies führt jedoch zu einer Erhöhung des CSB im Abwasser, so daß zu prüfen ist, inwieweit ein Einsatz von Ultrafiltrationsanlagen lohnend wäre.

**Reinigung von bestückten Leiterplatten nach dem Löten, Entfernung der Löt-Fluxe**

Hier fanden früher FCKW oder FCKW-Alkohol-Gemische Verwendung. Die Verschmutzung der Meßnadeln, durch die eine Kontaktherstellung nicht mehr gewährleistet werden kann, Korrosionsverhalten und Coating - insbesondere mit Silicon-Kunststoffen - , das eine "saubere" Oberfläche verlangt, stellten sich hierbei als die wesentlichen Probleme heraus. Alternativen dazu sind:

1. Verwendung wasserlöslicher Fluxe, Waschen nach dem Löten mit Wasser,

2. Aufbringen minimaler, gerade ausreichender Fluxmengen (Änderung des Fluxauftragsverfahrens),

3. Löten ohne festkörperhaltige Fluxe ("Inertgas-Löten")

4. In Erprobung: Eignung anderer Coatings.

**Auflösen chemischer Stoffe**

Früher fanden hier die Halogenkohlenwasserstoffe Trichlorethen, 1.1.1-Trichlorethan, Perchlorethen und verschiedenste Fluorchlorkohlenwasserstoffe Verwendung.

Jetzt stehen folgende Möglichkeiten zur Verfügung:

1. Wachse, als Ätzschutz oder "Klebemittel" verwendet, werden in Aceton oder anderen organischen (brennbaren) Lösungsmitteln gelöst. Zum Teil ist der Einsatz andere Wachse möglich. Die Auswahl geschah nach folgenden Kombinations-Kriterien Wachs -geforderte Eigenschaft/Lösungsverhalten - Lösungsmittel unter Beachtung der Umwelt- und Sicherheitsrelevanz.

2. Asphaltprodukte wurden auf Metallblechen einseitig ganzflächig als Ätzschutz eingesetzt. Nach dem Ätzvorgang wurden die Asphaltprodukte mit Halogenkohlenwasserstoffen abgewaschen. Jetzt wird einseitig vollflächig eine Klebefolie verwandet, die nach dem Ätzvorgang einfach abgezogen werden kann.

**Auflösen (Quellen) von Klebern und Kunststoffen (inklusive Vorprodukte und nicht voll ausgehärtete Polymere)**

Bisher fanden hier die Lösemittel Dichlormethan, 1.1.1-Trichlorethan und Trichlorethen Verwendung. Jetzt werden:

1. selbstklebende Etiketten eingesetzt.

2. zur Reinigung der Kleberdosiergeräte:.

   - ein Gemisch aus Ethylglykolacetat und Methanol verwendet,

   - eine Umkonstruktion des Gerätes unter Verwendung von Einweg-Teilen (Düsen) vorgenommen,

3. die Reinigung von Extrusions-Düsen mit Hilfe von Methylethylketon vorgenommen,

4. zur Reinigung von Polyurethan-Mischungsvorrichtungen ein Gemisch aus Isopropanol und 10 % Ammoniaklösung eingesetzt,

5. zur Entlackung von Teilen aus Aluminium, Eisen- und Stahlteilen (Reparaturteile mit Lackbeschichtungen *aller* Art!) ein alkalisch-wäßriges System bei 80 °C eingesetzt,

6. als Lösungsmittel zum Kleben von Polystyrol Methylethylketon verwendet,

7. in der Herstellung von Leiterplatten eine Umstellung auf Photoresist-Systeme vorgenommen, mit welchen auf wäßrig-alkalischer Basis entwickelt und gestrippt werden kann, und/oder

8. zur Entfernung von Epoxidharz-Resten ein wäßrig-alkalisches System eingesetzt.

**Trocknung (Wasserverdrängung)**

Zur Behandlung von Metallteilen nach dem Schleifprozeß ist der Einsatz wäßrig-alkalischer Systeme mit anschließender Wasserverdrängung durch höher siedende Kohlenwasserstoffe möglich. Diese können durch anschließende Verdampfung im Warmlufttrockenschrank entfernt werden.

Für Kunststoffwerkzeuge bietet sich die Möglichkeit der Lufttrocknung.

Durch Naß-in-Naß-Verarbeitung bei der Bearbeitung von Metallteilen nach wäßrigen Waschprozessen läßt sich ein anschließender Trocknungsschritt vermeiden.

# 11 Literaturverzeichnis

## Kapitel 2


2.1 BGA (Bundesgesundheitsamt)
Angemessene Reaktion auf erhöhte Ozonkonzentration in Bodennähe (Sommersmog), Pressedinst 33/89
Berlin 1989

2.2 Deutscher Bundestag
11. Wahlperiode, Drucksache l1'4133
Bonn 08. März 1989

2.3 DFG
Maximale Arbeitsplatzkonzentration und biologische Arbeitsstofftoleranzwerte, Mitteilung XXIV der Senatskommmission zur Prüfung gesundheitsschädlicher Arbeitsstoffe
VCH Verlagsgesellschaft, Weinheim 1988

2.4 Deutscher Bundestag, Referat Öffentlichkeitsarbeit
Enquete-Kommission des 11. Deutschen Bundestages "Vorsorge zum Schutz der Erdatmosphäre": Schutz der Erdatmosphäre - Eine internationale Herausforderung
Zwischenbericht, Bonn 1988

2.5 Garber, W.-D.
Ozon in der Stratosphäre, Kap. 1 im Bericht des Umweltbundesamtes: Verzicht auf Verantwortung: Maßnahmen zum Schutz der Ozonschicht, Berichte 7/89
Erich Schmidt Verlag, Berlin 1989

2.6 Garber, W.-D.
Treibhaus-Effekt, Kap. 2.3 im Bericht des Umweltbundesamtes: Verzicht aus Verantwortung: Maßnahmen zum Schutz der Ozonschicht, Berichte 7/89
Erich Schmidt Verlag, Berlin 1989

2.7 gem. RdErl. des Ministers für Arbeit, Gesundheit und Soziales und des Ministers für Wirschaft, Mittelstand und Verkehr vom 25. Juni 1984 (MBL.NW 5.886 SMGL.NW 7130)
Durchführung der Technischen Anleitung zur Reinhaltung der Luft
ImmSchR. 16., Erg. April 1985

2.8 Hanhoff-Stemping, I
Ökologische Auswirkungen der ozonrelevanten Halogen-Kohlenwasserstoffe und Ersatzstoffe. Kap. 2.4 im Bericht des Umweltbundesamtes: Verzicht aus Verantwortung: Maßnahmen zum Schutz der Ozonschicht, Berichte7/89
Erich Schmidt Verlag, Berlin 1989

2.9 Umweltbundesamt
Luftqualitätskriterien für photochemische Oxidantien, Berichte 5/83
Erich Schmidt Verlag, Berlin 1983

2.10 Umweltbundesamt
Luftreinhaltung 88: Tendenzen - Probleme - Lösungen
Erich Schmidt Verlag, Berlin 1989

## Kapitel 3

3.1 Bericht der Bundesregierung vom 17. Januar 1989 über den Stand der Arbeiten zur Umsetzung der Beschlüsse der 2. Internationalen Nordseeschutzkonferenz (2. INK vom 24. bis 25. November 1987 in London, Bundestagsdrucksache 11/3847, S.4

3.2 Vgl. 1, S. 6

3.3 Vgl. 1, S. 12

3.4 Gesetz zum Schutz vor schädlichen Umwelteinwirkungen durch Luftverunreinigungen, Geräusche, Erschütterungen und ähnliche Vorgänge (Bundes-Immissionschutzgesetz - BImSchG) vom 15. März 1974, zuletzt geändert durch VO vom 26. November 1988

3.5 Zweite Verordnung zur Durchführung des Bundes-Immissionsschutzgesetzes (Verordnung zur Emissionsbegrenzung von leichtflüchtigen Halogenkohlenwasserstoffen - 2. BImSchV) vom 21. April 1986

3.6 Vierte Verordnung zur Durchführung des Bundes-Immissionsschutzgesetzes (Verordnung über genehmigungsbedürftige Anlagen - 4. BImSchV) in der Fassung der Bekanntmachung vom 19. Mai 1989

3.7 Fünfte Verordnung zur Durchführung des Bundes-Immissionschutzgesetzes (Verordnung über Immissionschutzbeauftragte - 5. BImSchV) vom 14. Februar 1975, zuletzt geändert durch VO vom 19. Mai 1988

3.8 Zwölfte Verordnung zur Durchführung des Bundes-Immissionsschutzgesetzes (Störfall-Verordnung - 12. BImSchV) in der Fassung der Bekanntmachung vom 19. Mai 1988

3.9 Technische Anleitung zur Reinhaltung der Luft (TA-Luft) vom 4. April 1986 (GMI. S. 95, berichtigt S. 202)

3.10 Erste Allgemeine Verwaltungsvorschrift zur Störfallverordnung (1. StörfallVwV) vom 26. August 1988 (GMBI. S. 398)

3.11 Vgl. Sellner
Immissionschutz und Industrieanlagen, 2. Aufl. 1988, Rn. 29 mit weiteren Nachweisen

3.12 Gesetz zur Ordnung des Wasserhaushaltes (Wasserhaushaltsgesetz - WHG) in der Fassung der Bekanntmachung vom 23. September 1986

3.13 Verordnung über die Herkunftsbereiche von Abwasser (Abwasserherkunftsverordnung - AbwHerkV) vom 3. Juli 1987 (BGBL. I S. 1578)

3.14 Bekanntmachung des Bundesministers des Inneren vom 1. März 1985, geändert durch Bkmg. vom 8. Mai 1985 (GMBI. S. 175, 369)

3.15 § 23a Berliner Wassergesetz in der seit 15. Januar 1989 geltenden Fassung, § 18 Abs. 4 Wassergesetz NRW

3.16 Vgl. z. B. § 8 VLwF (Verordnung über Anlagen zum Umgang mit wassergefährdenden Stoffen) Berlin, § 18 VAwS NRW

3.17 Vgl. z. B. § 10 VLwF Berlin, § 17 VAws NRW

3.18 Gesetz- und Verordnungsblatt für Berlin 1989, S. 561

3.19 Vgl. Beispiele bei Roth
Erläuterungen zu § 19g WHG Randnummer 7
Handbuch des Deutschen Wasserrechts, C 10 E, Stand: Januar 1990

3.20 Vgl. Roth
Erläuterungen zu § 19g WHG, Randnummer 8, aaO. (3.19)

3.21 Roth
Erläuterungen zu § 7a WHG, Randnummer 7, aaO. (3.19)

3.22 Gesetz zum Schutz vor gefährliche Stoffen (Chemikaliengesetz ChemG) vom 26. August 1986, geändert durch Gesetz vom 15. September 1986

3.23 Verordung über gefährliche Stoffe (Gefahrstoffverordnung - GefStoffV) vom 26. August 1986, geändert durch VO vom 16. Dezember 1987

3.24 Weinmann
Die neue Gefahrstoffverordnung - Auswirkungen auf die Praxis in: s.i.s. Heft 12/86, S. 670

3.25 Gesetz über die Vermeidung und Entsorgung von Abfällen (Abfallgesetz - AbfG) vom 27. August 1986 (BGBL. I, S 1410)

3.26 Gesetz über die Beförderung gefährlicher Güter vom 6. August 1975, zuletzt geändert duch Gesetz vom 18. September 1989

3.27 Verordnung zur Bestimmung von Abfällen nach § 2 Abs. 2 AbfG vom 25. Mai 1977 (BGBL. I, S 773)

3.28 Abfallnachweis-Verordnung vom 2. Juni 1978 (BGBL I. S. 668)

3.29 Verordnung über Betriebsbeauftragte für Abfall vom 26. Oktober 1977 (BGBL. I, S 1913)

3.30 Altölverordnung vom 27. Oktober 1987 (BGBL. I, S 2335); Getränkeverpackungsverordnung vom 20. Dezember 1988 (BGBL I. S. 2455)

3.31 BGBL. I, S. 1918

3.32 Vgl. Begründung zur HKWAbfV, Bundesrats-Drucksache 245/89, S. 12

3.33 Vgl. Begründung zu § 2 HKWAbfV, aao. (3.32), S. 13

3.34 Vgl. Begründung zu § 4 HKWAbfV, aaO. (3.32), S. 14

3.35 Gesetz über die Stadtreinigung vom 24. Juni 1969, zuletzt geändert durch Gesetz vom 5. März 1987

3.36 Ausschluß von Abfällen von der Annahme bei den Berliner Stadtreinigungsbetrieben, Bekanntmachung vom 15. Mai 1988, Amtsblatt S. 810

## Kapitel 4

4.1 Gefahrgutverordnung Binnenschiffahrt (GGVBinSch)

4.2 Verordnung über die innerstaatliche und grenzüberschreitende Beförderung gefährlicher Güter mit der Eisenbahn (GGVE)

4.3 Verordnung über die Beförderung gefährlicher Güter mit Seeschiffen (GGVSee)

4.4 Gefahrgutverordnung Straße (GGVS)
Mit Anlage A+B, zuletzt geändert am 21. Dezember 1987 (BGBI. I, S. 2858)

4.5 Verordung über gefährliche Stoffe (Gefahrstoffverordnung - GefStoffV) vom 26. August 1986, geändert durch VO vom 16. Dezember 1987

4.6 Gesetz über die Beförderung gefährlicher Güter (BGBI. I, S. 1729) vom 18. Oktober 1980

4.7 Schriftenreihe der Bundesanstalt für Arbeitschutz, Gefährliche Arbeitstoffe (GA) 13, Dortmund 1987

4.8 Technische Regeln für brennbare Flüssigkeiten
100: Allgemeine Sicherheitsanforderungen, Februar 1984
110: Läger Februar, 1984

4.9 Technische Regeln für Gefahrstoffe (TRGS)
555: Betriebsanweisung und -unterweisung nach § 20 GefStoffV
März 1989

4.10 Verordnung über Anlagen zur Lagerung, Abfüllung und Beförderung brennbarer Flüssigkeiten zu Lande (VbF)

4.11 Zwölfte Verordnung zur Durchführung des Bundes-Immissionschutzgesetzes (Störfall-Verordnung - 12. BImSchV) in der Fassung der Bekanntmachung vom 19. Mai 1988

## Kapitel 6

6.1 Dr. Kosche, H.
Lösemittelrückgewinnung durch Kondensation; wlb Wasser, Luft und Betrieb Sonderdruck aus Ausgabe 7-8/88

6.2 Dr. Mathews, W.
Der neue Weg zur Abluftreinigung und Rückgewinnung von Lösemitteln; Oberfläche Surface, Sonderdruck aus Nr. 4, 1986

6.3 Streeb, Rudolf
Chlorierte Kohlenwasserstoffe aus der Luft eliminieren mittels Adsorptionsanlagen; MM-Maschinenmarkt, Sonderdruck aus Heft 95, November 1982

6.4 VDI-Richtlinie 2280 (Entwurf)
Emissionsminderung; Flüchtige organische Verbindungen, insbesondere Lösemittel, VDI.Kommission Reinhaltung der Luft, März 1985

6.5 VDI-Richtlinie 2442
Abgasreinigung durch thermische Verbrennung, VDI-Kommission Reinhaltung der Luft, Juni 1987

6.6 VDI-Richtlinie 2588 (Entwurf)
Emissionsminderung, Beschichten von metallischen Oberflächen mit organischen Stoffen, VDI-Kommission Reinhaltung der Luft, September 1984

6.7 VDI-Richtlinie 2589 (Entwurf)
Emissionsminderung, Industrielles Behandeln metallischer und nichtmetallischer Werkstücke mit Chlorkohlenwasserstoffen, VDI-Kommission Reinhaltung der Luft, Februar 1981

6.8 VDI-Richtlinie 3476
Katalytische Verfahren der Abgasreinigung, VDI-Kommission Reinhaltung der Luft, Januar 1988

6.9 VDI-Richtlinie 3674
Novellierungsentwurf; Abgasreinigung durch Adsorption, Oberflächenreinigung und heterogene Katalyse, VDI-Kommission Reinhaltung der Luft, Juni 1981

6.10 VDI-Richtlinie 3675
Abgasreinigung durch Absorption, VDI-Kommission Reinhaltung der Luft, Mai 1981

6.11 VDI-Richtlinie 3800
Kostenermittlung für Anlagen und Maßnahmen zur Emissionsminderung, VDI-Kommission Reinhaltung der Luft, April 1979

6.12 Zweite Verordnung zur Durchführung des Bundes-Immsissionsschutzgesetzes (Verordnung zur Emissionsbegrenzung von leichtflüchtigen Halogenkohlenwasserstoffen - 2. BImSchV) vom 21. April 1986

## Kapitel 7

7.1 Kromer, E.
Abluftreinigung bei Lösemittelemission, Chimia 36 (1982) Nr.2

# 12 Sachregister